声景理论与实践

康 健 主编

国家自然科学研究青年基金项目

——项目号 51808356：基于数据可视化的贵州传统……究

教育部人文社会科学研究青年基金项目

——项目号 17YJCZH128：黔东南苗侗族聚居区声……

石家庄铁道大学基本科研业务费科研项目

——项目号 SCT202004：基于"声遗产＋扶贫"模式的井陉古村落振兴研究

河北省高等学校人文社科重点研究基地

——石家庄铁道大学人居环境可持续发展研究中心

贵州传统聚落声景观遗产研究

SOUNDSCAPE HERITAGE IN TRADITIONAL SETTLEMENTS OF GUIZHOU

◎ 毛琳箐 康 健 著 ◎

中国建筑工业出版社

图书在版编目（CIP）数据

贵州传统聚落声景观遗产研究 = SOUNDSCAPE HERITAGE IN TRADITIONAL SETTLEMENTS OF GUIZHOU / 毛琳箐，康健著 . —北京：中国建筑工业出版社，2021.7

（声景理论与实践 / 康健主编）

ISBN 978-7-112-26199-4

Ⅰ.①贵… Ⅱ.①毛…②康… Ⅲ.①乡村—建筑声学—研究—中国 Ⅳ.① TU112

中国版本图书馆 CIP 数据核字（2021）第 113558 号

责任编辑：陈海娇
责任校对：芦欣甜

声景理论与实践

康 健 主编

贵州传统聚落声景观遗产研究

SOUNDSCAPE HERITAGE IN TRADITIONAL SETTLEMENTS OF GUIZHOU

毛琳箐 康 健 著

*

中国建筑工业出版社出版、发行（北京海淀三里河路9号）

各地新华书店、建筑书店经销

北京点击世代文化传媒有限公司制版

北京建筑工业印刷厂印刷

*

开本：787 毫米 × 1092 毫米　1/16　印张：10¼　字数：174 千字

2021 年 8 月第一版　2021 年 8 月第一次印刷

定价：**58.00** 元

ISBN 978-7-112-26199-4

（37669）

丛书总序

2014 年国际标准化组织将声景定义为"个体或群体所感知、经历及理解的在给定场景下的声环境"。与传统的主要基于物理量的噪声控制有本质不同，声景研究人、听觉、声环境、社会之间的相互关系，重视感知，在降低噪声的同时考虑积极正面的声音，将声环境看成是资源。综合了物理、工程、社会、心理、医学、艺术等多学科领域的声景研究，为环境声学领域带来了革命性进展。

自 2002 年欧盟的环境噪声法要求每个城市确定并保护安静区域的政策出台之后，声景在学术界及实践界引起极大重视，越来越多的国家和地区正在积极推动声景研究项目，关注点包括声景评价、描述、模拟、数据收集、指标体系、标准、设计导则、辅助设计工具等，涵盖了从研究到实践的过程。同时，声景亦属非物质文化遗产的研究范畴，对加强塑造地域特征，提升民族文化的归属价值和历史传承价值有重要意义。

本丛书旨在推出建筑、规划、景观领域声景研究在理论、方法、技术等层面的前沿探索与成果，包括传统地域声景与文化声景、城市声景与人居健康等，涉及声景审美、声景设计、声景的感知与评价以及声景的保护与预测等。希望能够借此与建筑、规划、景观等相关领域的同行共同推进我国声景理论与实践的研究进展。

康健

序　言

声音、文字和图像共同见证并记录了人类历史的变迁、社会的进步以及文明的延续。随着时代的发展，人们对文字和图像的保护已经相对成熟并建立了一套较为完善的保护体系。相比之下，由于声音的易逝性，对声音进行保护的难度也较大，因而对声音景观这一类非物质文化的研究和保护相对落后和匮乏。如今，世界在迅速更新，原生态的声音也在不断流失，全球很多组织机构都在呼吁将这些珍贵的声音作为一种遗产进行保护。1972年，联合国教科文组织作为权威机构发布了《保护世界文化和自然遗产公约》，将人类传统活动的声音资料纳入非物质遗产保护中，指出记录具有代表性的或正在消失的声音，是文化遗存抢救工作的重要一环。2001年，联合国教科文组织通过了《世界文化多样性宣言》，随后通过了《伊斯坦布尔宣言》，一再强调声音遗产保护的重要性——保护声音遗产就是对我们共同社会记忆的保护，就是对我们和子孙后代之间传承的保护。联合国教科文组织公布的第一批人类非物质文化遗产名录（共19项），其中超过70%（14项）是与声音有关的遗产。因此，一些研究者开始关注以声音为传播形态的非物质文化遗产，他们致力于将具有时代特点和地域特征的声音收藏在博物馆里，保存到几百年之后，让未来的人听到过去，旨在用这些声音把整个历史串成一条河流。

声景研究人、听觉、声环境与社会之间的相互关系，侧重于人对环境中声感知的评价，是将声音看成环境要素中的一部分，而不仅仅看作是噪声等"废物"。康健教授及其欧洲与中国的声景团队从噪声控制，到整体声环境控制，到中国传统声景观保护，在城市和乡村声景观综合评价与保护等方面进行了积极的方法探索和经验积累，极大推动了国内外声景观研究的发展。

2021年初夏，收到琳箐的来信，想邀请我为她和她的博士导师所写专著作序，荣幸之至。贵州是琳箐的故土，承载着她儿时的记忆，因此自2007年以来一直坚持以此为主要研究内容。在攻读硕士研究生阶段，作为建筑历史与理论专业的学生，琳箐以《黔贵文化区建筑景观的文化生态学解读》为题，从文化生态学视角对以黔贵文化为代表的典型贵州传统建筑景观进行分类解读，将汉族、苗族、侗族、布依族等民族从文化源、文化传播和扩散等方面进行了深度剖析。攻读博士研究生阶段，她跟随康健教授继续开展以贵州东部苗、侗、汉族为研究对象的传统声景观研究，深度剖析了声音现象背后所蕴含的文化和历史意义。正如谢弗所说"标志声表达了人们对社会的认同程度，居民可以通过一些独一无二的特色声音对某一地区予以承认"，从精神文化角度出发，声景观帮助人们建立了地方认同感和族群归属感。

　　本书是琳箐十余年来将研究扎根贵州传统村落的成果体现，一方面通过探讨声景在文化形成与传承过程中声音类非物质文化遗产的保护项目，充实关于传统地域声景保护的研究成果，并由于这些声景观与生产生活密切相关，是历史的产物和见证，因此反映出不同社会时代、不同族群的生活状态，成为贵州文化遗存活态保护的重要一环；另一方面通过借鉴和参考已成体系的非物质文化遗产研究成果，构建声景文化遗产保护框架，系统复原传统声景设计思路，使研究成果与历史文化名城保护、历史街区保护、古建筑保护等建筑规划项目更有效地结合；此外，作为文化遗产的重要组成，苗、侗等民族独特的声音资源及其声景观也将在乡村振兴中发挥着巨大的文化潜力与经济价值，是中国传统乡村文化多样性与原真性的重要体现。总之，本书的撰写对于传统村落历史研究与保护、传统地域的声景观研究与设计、以及传统声音遗产的数据分析与保存，都将具有积极的推动作用。

前　言

　　非物质文化遗产以人为载体，是表达特定人群精神文化、艺术审美等的"活"的文化形态。传统村落被称为"活着的文化遗产"，是文化传承、历史延续、艺术社会价值展示的物质空间，为许多珍贵的非物质文化的产生、存在与延续提供了土壤。贵州作为全国民族最为聚集的地区之一，汇集了汉、苗、侗、土家等多种文化类型，"大杂居，小聚居"的聚落空间布局下，各民族相互影响又各自独立，保留了最为原始的生活状态，是民族文化和村落文明的活化石。声音是与人的活动联系最为密切的物理因素，是保持村落活态的重要方面，声景观则是声音及其所在空间所构成的抽象景观形态，兼有二者共同的文化与社会特征，是非物质与物质的对话。近些年来，声景研究除关注和解决由城市发展日渐加快所带来的各种声压力外，还将研究领域拓展到了声音的生态与文化层面，提倡将濒危声音遗产的保护与利用作为保护地域文化完整性的重要内容之一。

　　本书是以贵州传统村落中的声景观为对象所开展的声音及其所在空间的整体性保护研究。在研究初期，通过田野调查、文献梳理和仿真模拟，对声音特征及其所在空间进行了数据搜集、整理与分析，揭示了其所蕴含的生态、人文与社会等文化特征。但随着研究的不断深入，并伴随着国家关于乡村振兴重大战略的逐步实施，以及声音作为非物质文化遗产在保护文化遗产和树立文化自信工作中的重要性不断提升，对研究内容进行了重新定位，将声音的非物质文化遗产属性和聚落空间的物质文化遗产属性相结合，从自然文化、民族地域文化和社会历史文化对基调声景、标志声景和信号声景进行类型划分与梳理，并结合非物质文化遗产的一般属性与价值特征，提出行之有效的保护策略，如建立传统声音博物馆、"非遗＋脱贫"工作坊等，缓解日益严重的声环境特色危机，构建视觉景观与声音景观相结合的保护理念。

本书属于建筑学、历史学、声景学和人类学等的交叉研究，借鉴了相关学科的研究方法。其成果有助于推动中国传统村落的整体活态保护以及珍贵的口头非物质文化遗产保护工作的开展，既符合国家对乡村文化振兴的政策导向，又遵守了国家对珍贵文化遗产保护的原则，还可通过对文化遗产的合理利用与开发，有效解决经济欠发达的偏远少数民族地区的基本问题，对拓展学科研究领域、促进成果转化等均有所帮助。

目　录

第 1 章 绪论

1.1 声音与非物质文化遗产

声音是自然界中不可替代的环境要素，并常常被赋予信号的含义，如人类从古文明时期利用各种叫声（包括群吼、模仿自然界动物的叫声等），发展到后来利用各种响器（如号、口哨等），再到现在利用电声扩音设备（如音响、喇叭等），声音都是传递信息、引起注意等最直接的媒介。同样，自然界中的动物一直以来都是运用声音传递信息的，如鲸鱼的"声呐系统"具有回声定位能力、蝙蝠利用超声波回声定位信号搜寻食物、大象利用次声波寻找伙伴等。随着声音研究的不断推进，研究者逐步注意到了声音除信号功能外的其他作用，包括声音对人的情绪和身体健康以及动植物生存与繁衍的积极或消极影响并运用技术手段营造特定的声音氛围，消除声音的消极干扰等。除此之外，声音还可以起到区分族群、娱乐、思想教化、文化传播等作用，这是依附于语言的文化功能，此时的声音不再是单纯的物理量，而成了传统文化的一部分，是具有非物质特征的文化形态。总之，人类的生存需要声音，声音承载信息，见证人类和自然界的历史。通过对声音含义的想象、对周围声音的感知，对声源和声音意义的探索等，将直接影响我们对景观的感知结果❶。尤其是通过声音记录传统聚落环境的历史与场所特性，并将听觉景观与视觉景观相结合，对研究人居场所的环境与历史特征以及文化有着积极与重要的实际借鉴作用。

1998 年联合国教科文组织（UNESCO）发布了《人类口头和非物质遗产代表作条例》，旨在奖励口头和非物质遗产的优秀代表作品，其中包含了口头传统

---

❶ ARRAS F，MASSACCI G，PITTALUGA P. Soundscape perception in Cagliari，Italy[J]. Euronoise Naples，2003.

和语言以及传统音乐、戏曲等传统表演艺术，它们都是以声音为载体的文化形态，并于 2001 年、2003 年、2005 年分三批共确立了 90 项 "人类口头和非物质遗产代表作"，第一批中与声音相关的有 14 项(共 19 项)、第二批中有 24 项(共 28 项)、第三批中有 34 项（ 共 43 项)。2003 年 UNESCO 通过了《保护非物质文化遗产公约》，口头表述、音乐等声音文化形态作为非物质文化遗产的重要组成被提出并加以保护，将以上 90 项代表作并入 "世界非物质文化遗产名录"，标志着与声音相关的非物质文化遗产及其价值的科学评价体系的建立。截至 2018 年，我国共有 32 个项目被列入联合国教科文组织《非物质文化遗产名录》，其中与声音相关的共 16 项，占总数的 50%，体现了声音重要的非物质文化遗产特征与价值。

1.2　声景观与传统聚落

按照联合国教科文组织《保护非物质文化遗产公约》的规定，口传非物质文化遗产的保护不仅包括其非实体遗产本身，还要强调口传文化传播的 "文化空间" 和 "人的因素" 的重要性❶，即由非遗本体、传承人以及所在场域所构成的文化整体。就与声音相关的非物质遗产而言，主要包括声源、发声本体（人 / 物）以及供声音传播的声场空间，即声景观。

1.2.1　声景观概念的由来

声音的研究往往伴随着空间的研究，因为声音传播需要空间介质，声质量评价也离不开空间作用，因此，相关学者提出了声景观概念，旨在研究除声音本身特征外所反映出的空间场所特点与情感。声景观 "soundscape" 来源于 "landscape"，是声音 "sound" 加上景观 "scape" 的合成词，因此，可翻译为 "声音景观" 或 "声音风景"，简称为 "声景"❷，是声音依托其所在环境空间共同形成的具有复杂价值体系的抽象景观形态，表明声景观现象与空间实体存在明显

---

❶　张泽忠，韦冰霞 . 文化空间和人的因素:《款噪嘎》的维实与求新 [J]. 百色学院学报，2014（01）: 80-84.

❷　王俊秀 . 音景（soundscape）的都市表情: 双城记的环境社会学想象 [J]. 台大建筑与城乡学报，2001: 90.

的物质关联。

声景观（soundscape）的概念最早由芬兰地理学家格拉诺（Granoe）提出，其研究致力于对城市声环境的治理与改善，并涵盖建筑学、音乐、社会学、心理学、医学、交通科学等多个学科领域。加拿大作曲家、科学家 R.Murray Schafer 提出了声音生态学概念，并指出声景观是声音生态学研究的主要任务，最早被解释为 "the music of the environment"，指由声音与自然、社会、文化、生物等共同构成的自然界声环境系统。Schafer 及其研究团队在调查了瑞典、德国、意大利、法国、苏格兰五个国家中的五个乡村的声景观后，建立了 "WSP"（World Soundscape Project）模拟录音带数据库，库中陈列了加拿大和欧洲包括许多自然声源在内的超过 300 种声音❶，并根据声音的生态价值、文化价值和实际应用价值，将自然界中的声音分成了三类：基调声（keynotesounds）、信号声（signals）和标志声（marknotes），探讨了存在于周围环境中的各种细微自然声音和文化声音的存在价值❷。其中，基调声为背景声，它形成了某一个地域或某一种声音的特征，主要指自然界的声音，如风声、水声、动物声等，Schafer 认为，尽管环境中的基调声景常常会被人忽视，而且会随着周围环境因素的变化而变化，但环境中所有的声音都需要由背景声来加以衬托；信号声为前景声，包括钟声、鼓声、报警声等人为设计的包含有某种特殊确切内容的声音；标志声指一种文化或一个地区内能被辨识出来的特有声音，如方言、歌声、传统活动声等❸。此外，Schafer 探索了人与声音之间、声音与社会（包括政治与经济）之间的影响与关系，因此，声景观研究的不仅是声音本身，更涉及声音的文化含义、人对声音的感性认识、声音的社会价值与作用等。

此外，声景观同时具有声音和空间两重文化含义。空间作为文化的载体，可直接反映地域地理环境、社会历史、建筑艺术等特征。声音则可传递思想，交流情感；辨别事物，界定空间领域（如中世纪伦敦城以听到圣玛丽教堂的钟声划定城市的边界）；语言承载与记录；特殊情感和意义,唤起回忆。由此看来,

❶ SCHAFER R M. Five village soundscapes[M]. Vancouver：A.R.C Publications，1978.
❷ SCHAFER R M. The soundscape—our sonic environment and the tuning of the world[M]. Rochester：Destiny Books，1977：9.
❸ 同上：10.

声景观既可看作一种文化现象，成为联系声音与空间文化的媒介，又可看作一种文化类型，是完整地保存地域空间文化的重要一环，是从文化、审美、社会、历史等人文角度研究环境中的声音，声音、听者和环境构成了声景观的三要素。此时的声景观研究应考虑个体对声音的敏感性以及社会因素的作用，如听者因个体差异（如年龄、性别、学历、文化背景等）会产生不同的主观感受，环境的不同（如空间形态、材料等）也会导致研究结果的不同❶。此外，声景还受其他物理条件的限制，如当听觉与视觉景观一起展示时，视觉会降低对声音的感觉；当两者相互作用，尤其是声音与景物有联系时，使人感觉更舒适❷。许多情况下，声音还具有丰富的地域与历史人文内涵，因此，声景研究时常伴随着声音的保护。

1.2.2　传统聚落的活态保护

"聚落"一词在《辞海》中被解释为"人聚居的地方"或"村落"，就是人类工作、居住、生产、休闲娱乐和开展社交活动的空间场所。它一方面是人类作用于自然最深刻、最集中的区域，另一方面也是自然界对人类社会反馈最强的区域，是人类适应、利用自然的产物。城市地理学学科将聚落划分为乡村聚落和城市聚落两大类。因此，建筑视域下的聚落研究应是一项综合的课题，是以包括乡村、集镇和城市在内的聚集结构作为研究对象，从建筑学、城乡规划学、景观建筑学综合角度出发的多学科综合研究体系。同时，这种多面性特征也要求我们在探讨聚落环境中的任何一个问题时，包括声景观在内，都应从多学科交叉的角度出发。

传统聚落的保护价值，一方面在于其悠久的历史，因其大都形成较早，包含了人类与自然的和谐精神和场所文化的空间记忆，因此通常也被称为"古村落"；另一方面在于其所蕴含的物质与非物质文化遗产价值，因为这些村落蕴含着丰富的历史信息与文化景观，并且大多仍以活态的形式延续至今，因此2012年9月中国传统村落保护发展专家委员会第一次会议决定，将其称为"传

❶ ZIMMER K，ELLERMEIER W. Psychometric properties of four measures of noise sensitivity[J]. Journal of Environmental Psychology，1999.

❷ SOUTHWORTH M. The sonic environment of cities[J]. Environment and Behavior. 1969（1）: 49-70.

统村落"，以突出村落作为"活着的文化遗产"的文化、传承、历史、艺术、社会等方面的重要价值。

关于传统村落的保护，国内外都已取得了相当数量的有价值的成果。1964 年第二届历史古迹建筑师及技师国际会议上通过的《威尼斯宪章》中明确定义："历史文物建筑的概念，不仅包含个别的建筑作品，而且包含能够见证某种文明，某种有意义的发展或某种历史事件的城市或乡村环境。"1972 年联合国教科文组织在巴黎通过了《保护世界文化和自然遗产公约》，其中提出："文化遗产"应包含"从历史、艺术或科学角度看在建筑式样、分布均匀或与环境景色结合方面具有突出的普遍价值的单立或连接的建筑群"。国际古迹遗址理事会第 12 届全体大会于 1999 年在墨西哥通过了《关于乡土建筑遗产的宪章》，该章程作为《威尼斯宪章》的补充，提出"当今对乡土建筑、建筑群和村落所做的工作应该尊重其文化价值和传统特色""乡土性几乎不可能通过单体建筑来表现，最好是各个地区经由维持和保存有典型特征的建筑群和村落来保护乡土性"等保护原则，提升了对以村落为载体的乡土建筑的广泛重视。国际古迹遗址理事会第 15 届大会于 2005 年在西安通过了《西安宣言》，提出要更好地保护"历史区域及其周边环境"。

在此基础上，意大利通过国家立法保护传统村落的文化遗产；日本于 1975 年对《文化遗产保护法》进行修正时提出"传统建筑物群"这一概念，村落作为最典型的传统建筑物群体集合，成为保护的重要一项内容，并让当地民众积极参与到村落的保护与开发中，确保以居民为主体的村落文化的活态化发展；法国为保护古城 / 村落的完整性，对其进行了专项规划与搬迁，并制定了严格的维修与改建制度；英国通过成立各种古建保护团体，推动古村落保护的全民参与意识的形成。

在我国，其主要依据是：习总书记在 2013 年 12 月的中国城镇化工作会议中所提出的"让居民望得见山、看得见水、记得住乡愁……要注意保留村庄原始风貌，慎砍树、不填湖、少拆房，尽可能在原有村庄形态上改善居民生活条件；要传承文化，发展有历史记忆、地域特色、民族特点的美丽城镇"，在 2018 年全国两会所提出的"规划先行、精准施策、分类推进，特别要保护好传统村落、民族村寨、传统建筑"等主要工作精神，以及 2014 年 4 月中央有关部委联合出台指导意见提出的"用三年时间使列入中国传统村落名录的村落文化遗产得到基本保护等"。截止到 2019 年 6 月，共分五个批次评选了 6819 个中国传统村落。其中，贵州作为传统村落数量最多的省份，共有 724 个传统村落入选，仅黔东南州就有 409 个中国传统村落，占据全国范围内市域排行的首位，因此这已成为贵州文化建设中的一项重要工作，并于 2017 年 8 月贵州省第十二届人民代表大会第二十九次会议上通过了《贵州省传统村落保护与发展条例》，从整体风貌、格局、传统特色以及非物质文化遗产活态传承等角度，切实推动传统村落保护工作的开展。

1.3　相关领域的研究

1.3.1　关于贵州传统聚落的研究

自 2000 年施行"西部大开发"政策以来，贵州以其悠久的历史、古朴的民风、优美的自然风貌，尤其是苗族作为中国古代蚩尤的后裔，其古老神秘的民族文化，吸引了越来越多的研究者从不同角度与视域展开研究，逐渐揭开了古夜郎国神秘的面纱。

关于苗族聚落，周春元等（1982）介绍了不同历史时期苗族的政治与文化[1]；李廷贵等（1996）分析了苗族的宗教文化、服饰艺术、民俗仪式等，全面地向世人展示了苗族独具特色的民族文化[2]；黄涤明（1998）从文化史的角度，从历史、人文、风俗、民族等方面介绍了包括苗族在内的黔贵文化特征[3]；石朝江（2006）根据广泛的史料，以事为纬，描述了苗族缘起、演变和发展的来龙去脉，梳理了苗族自远古迄今的迁徙流离过程[4]；张永祥等（1984）通过苗语与古汉语的比较，揭示了苗族历史文化的起源与变迁等[5]。其中，空间文化与聚落的建造文化相关，作为苗族文化中最为显著的部分，随山势而建的

[1]　周春元，王燕玉，张祥光.贵州古代史 [M].贵阳：贵州人民出版社，1982.

[2]　李廷贵.苗族历史与文化 [M].北京：中央民族大学出版社，1996.

[3]　黄涤明.黔贵文化 [M].沈阳：辽宁教育出版社，1998.

[4]　石朝江.世界苗族迁徙史 [M].贵阳：贵州人民出版社，2006.

[5]　张永祥，曹翠云.从语法看苗语和汉语的密切关系 [J].中央民族学院学报，1984（1）：68-77.

聚落与吊脚楼建筑是其空间文化最突出的表现。周政旭等（2020）通过文献研究与实地走访调查，总结了黔东南州苗族聚落中的公共空间类型与特色，并探究了其由内在的文化联系而形成的序列结构 ❶。吴崇山（2019）通过对贵州台江登鲁村 75 户苗族吊脚楼居住建筑冬季室内热环境的测试与分析，对传统苗族民居的热环境进行了综合评价 ❷。赵曼丽（2010）探究了苗族建筑"以人为本""天人合一""讲求实用"的文化内涵 ❸。熊康宁（2005）揭示了苗族聚落对"喀斯特"岩溶地貌的适应性特征 ❹。李先逵（2005）对贵州传统干阑式苗居建筑特征进行了科学总结 ❺。麻勇斌（2005）则从苗族建造文化仪式入手，剖析了苗族传统建筑建造的全过程 ❻。罗德启（2008）探讨了苗族生态建筑的建造理念 ❼。

关于侗族聚落，伍家平（1992）从地理特征和文化背景出发，通过对苗、侗两个民族传统村落的对比，指出文化特质的区别是导致聚落在形态、分布、结构和功能等方面差异的主要原因 ❽。范俊芳等（2011）通过对侗族聚落空间形态演变趋势的分析，研究了侗族聚落空间形态演变的生态因素及生态影响 ❾。姚莉等（2014）运用 GIS 技术对玉屏县朝阳侗寨聚落的空间分布、规模、形态、结构等进行分析，探究了影响北侗聚落空间形态演变的因素 ❿。朱馥艺（1996）探讨了侗族村寨聚落与三种水系结构——溪流、堰塘和泉井的关系特征以及与之密切相关的建筑类型——风雨桥、骑楼和井亭等 ⓫。赵巧艳（2011）从整

❶ 周政旭，孙甜，钱云 . 贵州黔东南苗族聚落仪式与公共空间研究 [J]. 贵州民族研究，2020（1）：75-80.
❷ 吴崇山，单军，孔德荣 . 贵州苗族吊脚楼居住建筑冬季室内热舒适现场调研 [J]. 暖通空调，2019，49（9）：135-141，117.
❸ 赵曼丽 . 浅析贵州苗族建筑的文化内涵 [J]. 贵州民族研究，2010（6）：73-75.
❹ 熊康宁 . 喀斯特文化与生态建筑艺术 [M]. 贵阳：贵州人民出版社，2005.
❺ 李先逵 . 干栏式苗居建筑 [M]. 北京：中国建筑工业出版社，2005.
❻ 麻勇斌 . 贵州苗族建筑文化活体解析 [M]. 贵阳：贵州人民出版社，2005.
❼ 罗德启 . 贵州民居 [M]. 北京：中国建筑工业出版社，2008.
❽ 伍家平 . 论民族聚落地理特征形成的文化影响与文化聚落类型 [J]. 地理研究，1992（）：50-57.
❾ 范俊芳，熊兴耀，文友华 . 侗族聚落空间形态演变的生态因素及其影响 [J]. 湖南农业大学学报：社会科学版，2011，12（1）：57-61，77.
❿ 姚莉，屠飞鹏 . 贵州北侗地区农村聚落空间形态演变研究——以玉屏侗族自治县朝阳侗寨为例 [J]. 贵州民族研究，2014，35（7）：60-63.
⓫ 朱馥艺 . 侗族建筑与水 [J]. 华中建筑，1996，14（1）：1-4.

体和类别的视角分别梳理和概括了侗族传统建筑研究的现状等 ❶。总之，大量关于贵州传统聚落的空间与文化研究，为其他研究提供了范本与可供借鉴的文献资料。

1.3.2　关于传统声景观的研究

近年来，国际声景学者开始关注传统声环境的发掘与保护，涉及历史观演建筑、传统风貌街区等诸多方面。通常采用的方法是运用可视化技术建立数字化模型，来分析传统声景观的声场特征。如 K.Chourmouziadou 等（2008）通过模拟实验建立了古希腊和古罗马剧场的声传播模型 ❷。V. Gómez Escobar 等（2012）对西班牙卡塞雷斯古镇声环境进行了系统调查与可视化分析 ❸。Brambilla 等（2007）将声景学与考古学相结合，对意大利庞贝古城的几个重要的考古遗迹进行了声景观测试与可视化分析 ❹。Soeta（2013）运用可视化技术对日本佛教寺院内声源位置如何影响声场特征进行了研究 ❺。张厚斌（2004）通过建立教堂可视化模型，对国内几个教堂内部的声环境进行了比较研究 ❻。

在中国，传统声景观的研究大多是关于传统观演建筑声场特征和历史场所声环境评价的研究。如袁晓梅（2009）采用学科交叉方法，通过引用大量古文诗词，构建了中国传统园林声景的理论研究框架等 ❼。在传统建筑声学技术研究方向，结合测试与可视化模拟技术，王鹏（2010）❽、彭然（2010）❾ 等利用

❶　赵巧艳 . 中国侗族传统建筑研究综述 [J]. 贵州民族研究，2011（4）：101-109.
❷　CHOURMOUZIADOU K，KANG J. Acoustic evolution of ancient Greek and Roman theatres. Appl[C]. Acoust（69），2008：514-529.
❸　Escobar, V. G., Morillas, J., Gozalo, G. R., Vaquero, J. M., Sierra, J., R Vílchez-Gómez, et al.. Acoustical environment of the medieval centre of cáceres（spain）[J]. Applied Acoustics，2009，69（6-7）：673-685.
❹　BRAMBILLA G，GL De，MAFFEI L，MASULLO M. Soundscape in the archaeological area of POMPEI[C]. International Congress on Acoustics，2007，7（5）：23-26.
❺　SOETA Y. Measurement of acoustic characteristics of Japanese Buddhist temples in relation to sound source location and direction[J]. J. Acoust. Soc. Am，2013，133（5）：2699-2710.
❻　张厚斌 . 教堂建筑声环境理论综合研究 [D]. 重庆：重庆大学，2004.
❼　袁晓梅 . 中国古典园林声景思想的形成及演进 [J]. 中国园林，2009（7）.
❽　王鹏 . 陕西传统戏场建筑及音质初探 [D]. 广州：华南理工大学，2010.
❾　彭然 . 湖北传统戏场建筑研究 [D]. 广州：华南理工大学，2010.

RAYNOISE 建立了传统戏场声场可视化分析模型。张东旭（2014）采用问卷调查法统计并建立了汉传佛教寺院声环境可视化评价模型❶，并建立了 3 个中国汉传佛教寺院可视化模型，通过与实测数据对比，探讨了空间要素对声景观的影响❷。谢辉等（2014）以重庆磁器口古镇为例，建立了山地城市声景观设计与应用可视化模型❸。王季卿（2007）模拟中国传统戏场不同的舞台格局、庭院形式等，总结出了其声场分布的变化规律以及开敞部分对声景观的影响规律❹。葛坚（1997）通过介绍古代观演建筑演变过程及其在音质设计方面的成就，着重探讨了声音在人类文化中的传承作用❺。罗德胤（2009）通过对颐和园几座古剧场进行现场测试，揭示了剧场声学空间顺应戏剧发展的表现等❻。黄凌江（2014）以拉萨老城作为研究案例，获得了其声环境的声源类型、声音空间分布、声景观环境变化、频率变化等结论，并提出了拉萨老城声景保护的理念与方法，提升了传统藏族文化保护的高度❼。以上研究开拓了声景观研究新视域，是将现代技术手段与传统声文化研究的结合，使声景观成为具备文化、历史、社会等价值的遗产。

1.3.3　关于声音与空间的物质关联研究

声音与空间存在物质关联是显而易见的，因为声音是由物体的振动所产生的，声波的传播与声场特征由空间介质所决定。如声音在真空中不能传播，而在不同温度条件下的空气中以及在海水、冰、木材等不同介质中的传播速度不同。此外，声波在传播过程中遇到障碍物还会发生反射与衍射，因此，空间形态成为影响声场的另一个重要因素，这一点在很多研究中已得到证实。如 Y.W. Lam（1996）通过一系列物理模型实验，研究了室内声学预测计算机模型中控

❶ 张东旭，刘大平，康健．汉传佛教寺院声环境安静度评价及其影响因素研究 [J]．应用声学，2014，33（3）：216-227．
❷ 张东旭，刘大平，康健．汉传佛寺空间要素对庭院声环境的影响 [J]．中国园林，2014，30（7）：32-37．
❸ 谢辉，李亨，康建．山地城市传统历史街区声景初探——以重庆磁器口古镇为例 [J]．新建筑，2014（5）．
❹ 王季卿．庭院空间的音质 [J]．声学学报，2007（4）：189-294．
❺ 葛坚，吴硕贤．中国古代剧场演变及音质设计成就 [J]．浙江大学学报（社会科学版），1997（1）：137-142．
❻ 罗德胤．中国古戏台建筑 [M]．南京：东南大学出版社，2009．
❼ 黄凌江，康健，等．历史地段的声景——拉萨老城案例研究 [J]．新建筑，2014（5）．

制扩散的计算参数对礼堂尺寸和形状的依赖性[1]。U. Berardi（2013）通过对 25 座教堂的模拟与比较，获得了建筑物形状和声学之间的关联性，并考虑到房间尺寸比、体积比和声源位置的权衡，给出了箱形教堂声学参数的预测公式[2]。张宇等（2011）研究了半圆形体育场模型（由半圆和矩形组成）、平行线模型、半圆模型和 Bunimovich 体育场模型（两个半圆和中间的矩形组成）中声线的混沌行为，获得了不同空间形态体育场的声线特征和声场特性[3]。宋恒玲等（2018）对两种不同空间形态的声线运动特性进行比较研究，得出半圆拱结构空间具有相对较好的扩散特性，而斜面矩形空间由于颤动回声产生的概率大大增加而导致局部的不均匀性的结论[4]。但声音和文化的关联如何体现，声音如何表现空间的文化特性，则需要将声学与社会学、历史学、民族学等相关学科的文化研究相结合展开。

1.3.4 关于声音的非物质文化研究

关于声音类非物质文化遗产（以下简称"声遗产"），不同领域的专家学者已开展了一系列挖掘与保护工作。UNESCO（1992）发起了"世界记忆工程"，中国艺术研究院音乐研究所收藏的包括传统民族民间音乐、文人音乐、宗教寺庙音乐等 7000 小时的录音档案，于 1997 年入选《世界记忆名录》。日本（1996）提倡历史声音遗存的保护，并组织开展了"百种日本音景：保护我们的遗产"活动，提出将包括寺庙里的钟声等在内的文化声音作为遗产的一部分，在全体国民中加以普及。秦佑国（2008）提倡将声音遗产文件保存于"博物馆和档案馆"以供利用[5]。秦思源（2005）发起了"都市发声"项目，通过对中国城市声音的

[1] LAM Y W . The dependence of diffusion parameters in a room acoustics prediction model on auditorium sizes and shapes[J]. The Journal of the Acoustical Society of America，1996，100（4）：2193-2203.

[2] BERARDI U. Simulation of acoustical parameters in rectangularchurches[J]. Journal of Building Performance Simulation，2013，6（6）：1-16.

[3] YU X，ZHANG Y. Acoustic ray diffuse behaviors of an architectural semi-stadium model[J]. International Journal of Modelling & Simulation，2011，31（4）：301-306.

[4] LU Y，SONG H. Development of a method to realize a uniform sound field in three-dimensional spaces based on the ray-tracing algorithm[J]. Canadian Acoustics，2018，46（3）：5-14.

[5] 秦佑国 . 声景学的范畴 [J]. 北京：建筑学报，2008（3）：45-46.

采集和向北京市民征集"心目中的北京声音",建立了"胡同声音博物馆"。孟子厚（2011）对北京胡同里的叫卖声、响器声等声音文化遗存进行了抢救、还原与传承❶。陈弘礼（2015）发起并注册了"声音博物馆"文化品牌,通过对声音的收集与再创作,不断完善声遗产数据库。四川广播电视台与四川非物质文化遗产中心（2015）共同举办了四川省非物质文化遗产声音档案大型音乐节目"寻找天籁之音"。第二届"声响亚洲"（2006）启动了"声音文化的记录行动",旨在寻找和记录民间乐器和民俗声音❷。北京"智化寺音乐文化节"（2019）的主题为"运河遗响",通过日常京音乐表演复原古刹和运河沿线的丝竹、评弹、笙管、鼓书、船号、端鼓腔等历史文化声音,重现了智化寺运河的历史空间与鲜活的生活形态,实现了声遗产的保护与活化❸。这些都标志着声音是非物质文化遗产重要的组成部分,成为当代人寻找历史记忆、再现历史场景、传承历史文脉最直接的手段。

1.4　声资源的挖掘与整理

1.4.1　田野调查法

通过声音的田野采集与分析,获得声音的基本物理属性。其中,声源采集可利用高保真录音机、录音棒等设备,除定点录制外,还可结合 Soundwalk（移动录音）,即沿拟定路线移动进行声音录取,其旨在获取一定路线或区域内、一段较长时间路程内声音的连续性数据❹。声音的物理属性可利用声级计直接获得,亦可利用软件分析获得。总之,声强度、频谱、声场的混响等是主观与客观评价环境声质量最重要的因素,也是记录某类或某个场域内声音不可或缺的内容。测量仪器主要有 BSWA801 型噪声振动分析仪（简称 801 声级计）和 Foster FR-2LE 便携式录音机（简称高保真录音机）,仪器型号及用途如表 1-1 所示。

❶ 孟子厚,安翔,丁雪.声音生态的史料方法与北京的声音 [M].北京:中国传媒大学出版社,2011:39,65,89,99.
❷ 李华.非物质文化遗产视野中的声音保护 [J].江西社会科学,2007（008）:196-200.
❸ 高舒.运河遗响:京城古刹"智化寺"里复现的声音景观 [J].艺术评论,2019（7）:102-109.
❹ 葛坚,罗晓予,沈婷婷,等.城市开放空间 GIS 声景观图及其声景观解析中的应用 [C]// 城市化进程中的建筑与城市物理环境.广州:华南理工大学出版社,2008:118-121.

测试仪器型号及用途 表 1-1

仪器	名称 / 型号	测量范围	精确值	频率范围	用途
	声级计 BSWA801 型噪声振动分析仪	24 ~ 140dB（A）	0.1dB（A）	2 ~ 16000Hz	测量声压级
	Foster FR-2LE 便携式录音机	8 ~ 12h	1s	44.1/48/88.2/96000Hz	记录单声道或立体声音频信号

测试的声音内容包括：

（1）环境自然声（如风雨雷电等气象声、雨滴声、水流声、昆虫动物鸣叫声、树叶沙沙声等）；

（2）民俗活动类声音（乐器演奏声、歌唱声等）；

（3）人物的语言（日常交谈声、贩卖商品声等）；

（4）生产活动声（田间劳动时农业机械声、织布机声、舂米机声、打谷机声等）；

（5）信号功能声（侗鼓声、岜沙苗寨枪声等）；

（6）人日常活动时的声音（交通工具的声音、机械设备的声音等）。

1.4.2　文史梳理法

苗族、侗族等少数民族的历史是通过口传的形式传播的，虽无本族文字，但通过不同时期的地方志和文学作品等，保留了大量与其文化相关的口头文学记载。通过查阅民族简史、中国建筑史、建筑声学等相关著作与地方志等史料文献，搜集有关贵州传统聚落环境特征、国内外关于历史保护地区或建筑以及与传统声音相关的文史资料，并还原历史上与声音相关的文化场景与现象。相似的研究如李国棋（2004）对《红楼梦》文学中 7 类声音的筛选与比较❶、袁晓梅（2007）通过梳理中国古诗词揭示了传统园林的声营造文化❷。

---

❶ 李国棋.声景研究和声景设计 [D].北京：清华大学，2004：60-68.

❷ 袁晓梅，吴硕贤.中国古典园林的声景观营造 [J].建筑学报，2007（2）：70-72.

第2章　贵州传统聚落的文化与声音

　　根据行政版图，贵州省辖6个地级市和3个自治州（图2-1）。其中，黔东南苗族侗族自治州、黔南布依族苗族自治州及黔西南布依族苗族自治州三个少数民族自治州，汇集了汉族、苗族、布依族、侗族、土家族、彝族、仡佬族、水族、回族、白族、瑶族、壮族、畲族、毛南族、满族、蒙古族、仫佬族、羌族共18个主要民族，是少数民族数量最多、类型最为丰富、特征最为明显的地区。自然地理方面，其地势西高东低，其中，黔西北的毕节地区地势最高、气候寒冷，是古夜郎文化的重要发源地，生土民居石砌为主要的建筑特征；黔西南布依族

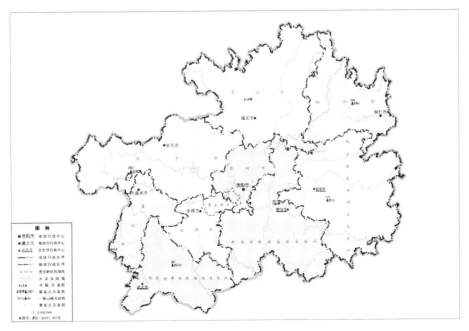

图 2-1　贵州行政版图示意图

资料资源：国家地理信息公共服务平台 [EB/OL]．[2021-04-08]．http://zrzy.guizhou.gov.cn

苗族自治州为锥状喀斯特地貌，是以居住于盆地的布依族和明代南迁的汉族为主，石砌民居是其主要的建筑特征；黔南、黔东南和黔东北地区均为喀斯特山地地貌，在相似的人居环境和民族生活习俗影响下，形成了"大杂居、小聚居"的多民族共生模式，因此聚落形态、建筑景观类型、外部环境（包括声音环境在内）特征也都颇为相似。

人口方面，汉族、苗族和侗族人口数量最多——据全国第五次人口普查，贵州省内汉族约 2191.17 万人，占总人口数的 62.2%；苗族约 429.99 万人，占 12.2%；侗族约 162.86 万人，占 4.6%，声音和聚落空间特征也最为典型。其中，声景观也常被冠以"原生态"的头衔，意味着这些声音没有经过雕琢，散发着浓郁的乡土气息和地方气息。在这里，没有如现代城市中嘈杂的机械声、拥挤的人群声、繁杂的交通声，一切声音均来自大自然，来自人类最真实的生活，具有天然且独特的声景观环境。

文化方面，自然环境的复杂多变，促使当地形成了类型丰富的建筑景观和不同的选址模式与聚落形态，并次生出与之相关的多姿多彩的声景观形式；民族众多，文化类型各具特色，他们其中的许多民族传承了传统的原生态生活与生产模式，保留了大量传统礼仪和民间集会等珍贵的非物质文化遗产与文化形态，世代传唱的许多具有文化传承意义的诗词古歌、民间传说与民族歌曲营造了极具标志性的地域性文化与民俗声景观；当地各民族都有用音乐记录生活的习俗，并衍生出许多与之相关的空间与建筑形制，如苗族铜鼓坪、侗族古戏台、土家族与汉族傩戏台等，所构成的声场分布特征具有宝贵的历史研究价值；继承了先民的防御性心理特征，善于运用当地特有的木鼓声和火药枪声来传递信息，延续着具有重要功能作用的信号声，侗族还因此修建了用以报警和传达信号的鼓楼。总而言之，生态和文化是影响人类发展的两个最重要的决定因素，贵州传统聚落中生态文化特征的显著性，影响并造就了这一地区独特的声音文化遗产价值与声景观形态。

2.1　自然文化概况

王阳明曾在《重修月潭寺建公馆记》中这样描述："天下之山，萃于云贵；连亘万里，际天无极。"他以诗一般的语言，形象地描绘出了例如云贵高原群山连绵、气势磅礴的地貌特征❶。其中，经过上亿年的地壳变迁与岩石沉积，形成了贵州现如今连续成片、发育完全的喀斯特岩溶地貌，即表现出总体地势高、内部分异大、山高坡陡、地表崎岖破碎等垂直性山地地表分布特征，大小山脉犬牙交错、纵横相割，区域分布独立封闭。独特的地理位置孕育了一个自成一体的山地文化空间，有俗语称："隔山喊得应，见面要半天"，如实地反映了声音传播与自然环境的特质。其中，武陵山脉等主峰海拔最高处为2187m，而南部黎平海拔最低处仅为137m，高差竟达两千余米，故素有"九山半水半分田"之说。水系发育是这一地区的又一显著地理特征，其中都柳江、舞阳河、清水江、沅江、乌江等长度在50 km以上的河流有数十条之多，溪流、湖泊、瀑布更是数不胜数。此外，夏季气温高、雨量大、气候湿热，冬季则气温较低、雨量较少、气候阴冷，全年阴天多而日照少，黄昏多雾，"天无三日晴"就是对这种多雨多阴气候特点的准确描述。

同时，独特的自然地形地貌特征也提供了丰富充裕的生活资源，使当地人得以世代绵延。山中蕴藏着丰富的煤、铁、金以及各种稀有金属资源；地势的高低差异为"立体农业"的形成创造了条件，如分阶种植的梯田农业；充足的河流水源也为农业灌溉提供了便利等。水作为海拔高、夏季炎热的贵州高山地区的生命之源，不但可以满足农业生产的灌溉需要和调节山地气候，四通八达的河流还常作为当地最重要、最便利的交通渠道，维系着民族间的交往与联系。总之，山、水、气候等自然条件关系到当地人生产与生活的方方面面，制约着他们的生活方式与谋生手段。

2.2　人文文化概况

独特的自然环境促使贵州各地区形成了相对独立、相对分割的地理结构，地形阻断了文化的传播与交流，加之民族类型众多，文化的民族性与地域性差异以及民族之间甚至民族内部语言文化的不通，限制了文化发展中主观特性的

---

❶ 史继忠. 贵州文化解读 [M]. 贵阳：贵州教育出版社，2000：53-54.

发挥，催生出一个"大杂居、小聚居""多民族、多宗教、多分布、多边缘"的多元人文环境地带，表现为不同的文化形态。

2.2.1 地域文化

"多元"指在一定地域内因文化扩散与整合而形成的不同类型文化兼收并蓄、交叉互融的文化分布形态❶。自旧石器时代开始，贵州就已有了人类文明的痕迹，其后由于以贵州为主体的夜郎古国这一雄踞一方的政权的成立，使夜郎文化成了当时西南地区的文化重心，故有"夜郎自大"之说。但与此同时，夜郎文化并不是孤立存在的，它还不断地受到四周滇、荆楚、巴蜀等西南传统文化形态的渗透影响。其中，尤以荆楚文化对贵州苗族文化的影响最为深远。在学术界，关于"苗文化与楚文化有着千丝万缕的联系"这一观点，已通过文献、考古等史料和苗族古歌、苗人的神话传说等口头文学得到了证实❷，但苗、楚是否具有亲缘关系，是否同宗共祖还有待进一步考证。尽管如此，我们依然可以肯定，楚国是一个以苗族为主体的国家。尤其是现居贵州的苗族，其祖先大部分居住于楚国境内，是荆楚之蛮的后裔，故这种楚文化印记至今仍鲜活地存在。秦汉时期，纷乱的社会局面使相对不易受外来侵袭和干扰的贵州地区成为迁徙和流动的良好归宿，氐羌、苗瑶、百越族系纷纷涌入，与原住民百濮人形成了四大族系文化相互交融的局面❸。此外，中原地区虽与贵州天各一方，文化本应是南辕北辙，但伴随着屯军、商贸等活动而植入了中原文化，尤其锦江、舞阳河、清水江沿岸城镇如镇远、铜仁一带，中原文化甚至成为最主要的文化形态。原住民族与早期迁入民族历史悠久，先验文化源远流长，加上文化的地域差异和民族差异较大，因此，在各自的栖息地内，以不同的生产方式和生活习惯，形成了特色鲜明、形态殊异、绚丽多姿的多元文化特征（图 2-2）。

---

❶ 曹本冶. 中国传统民间仪式音乐研究（西南卷）[M]. 昆明：云南人民出版社，2003：29.

❷ 高介华，刘玉堂. 楚国的城市与建筑 [M]. 武汉：湖北教育出版社，1996：210-211，214，278.

❸ 蓝东兴. 我们都是贵州人 [M]. 贵阳：贵州民族出版社，2000：36.

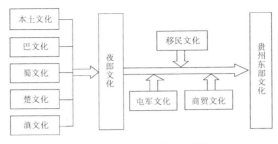

图 2-2　贵州文化构成示意图

2.2.2　民俗文化

贵州聚居着以苗族、侗族、汉族为主，包括彝族、土家族、仡佬族等多种民族。其中的大多数民族由见诸文献的古代四大族系演变而来，并于秦汉之际迁入，故承载着当地的历史，记载着文化的发展与交流，并且依然保留了具有大量原始"民族文化"表征的文化形态，客观上促使区域性文化得以偏安一隅，呈现相对完好且丰富多彩的人文环境氛围。

1. 民族音乐

歌舞是贵州少数民族日常生活中最重要的活动，当地人的一句俗语："饭养身，歌养心"，充分表达了音乐所起的精神作用。其中尤以苗族、侗族音乐最为著名，如北部侗歌多为独唱或对唱，形式自由，题材广泛，旋律舒畅优美，热情奔放；南部侗歌则以"大歌"最为著名，为多声部合唱形式，结构严谨，种类划分严格，含蓄深情，委婉缠绵，享誉海内外。民间舞蹈方面，苗族最著名的是"芦笙舞""花鼓舞""锦鸡舞"，侗族则主要有"多耶""芦笙舞""舞龙"等。伴奏乐器主要有芦笙、木鼓、铜鼓、木叶等（图 2-3）。

2. 民俗活动

主要包括民族重大节日、婚嫁祭祀等民俗仪式，赶集等传统商业活动等。其中,民族节日最为隆重，并通常富有山地农耕文化的典型特征。一年 12 个月,月月都有节日。尤其是每年农历"四月八""六月六"是苗、侗、水、彝等民族共同的节日,而苗族的"苗年""姊妹节""鼓藏节"等,侗族的"萨满节""侗年"等，水族的"端节"等，都是保留了数千年的民俗节庆活动。节日期间，各民族人民会穿上最华丽的服饰，展示最美丽的舞姿与最动人的歌喉，还会组织

图 2-3 苗族歌舞表演

吹芦笙、踩铜鼓、斗牛、摔跤、爬龙船、抢花球等一系列文娱活动。其他传统的民俗活动还包括形形色色的婚嫁与祭祀仪式、迎客与拦门酒仪式以及原始的集市商贸活动等。众多民俗活动的广泛开展，从某种程度上促进了当地独特艺术形态与生活空间场所氛围的保留和传承。

3. 传统戏剧

戏剧表演是民间最容易接受、最喜闻乐见的传播文化与记述历史的艺术形式。民间戏剧在贵州具有悠久的历史，形成于各民族的交往中，受汉族文化的影响最大。主要剧目类型包括流行于铜仁思南、印江等地的"花灯戏"，石阡的"木偶戏"，德江的"傩堂戏"、侗戏等。这些戏剧多源自于传统与现实生活，并在表演形式、服饰化妆、演奏乐器、演出空间等方面存在较大差异，因此，在传承民族历史与地域文化、营造传统艺术氛围的同时，由于其深深烙下的文化变迁与融合的印记，使得不同文化的地域性与民族性差异通过戏曲表演形式保留下来并传达给了后人。

2.2.3 居住与生产文化

生产方面，世代居住的贵州人经过长期的相互影响、相互融合，并依赖于隔离封闭的自然环境，保留了传统而古老的生产模式，如苗族的"刀耕火种"，汉族、苗族、侗族的"丘陵稻作"等，生产资料运输方式仍以人力的肩挑背扛为主，劳动工具主要有砍刀、挖锄、翻锹等，并以牛等牲畜的牵引力作为生产劳作的主要动力。家庭式生产是适应"自给自足"生活模式的另一主要生产方式，如家庭纺织、打谷、舂米、畜禽饲养等，用以满足当地人的衣食需要，生产工具为最原始的织布机、打谷机等（图2-4）。

图 2-4　传统生产运输与耕作模式

居住方面，由于先验文化的不同，形成了"苗族住山头、侗族住山腰、汉族住山脚"的选址习俗 ❶，故构成了层次清晰的聚落景观分布效果。同时，单体建筑基本以木构架为主，只是在围护结构上略有区别：苗族、侗族多采用当地产量丰富的杉木等木材作围护结构，而汉族则延续了江南地区建筑特点，以高大厚重的砖石、封火墙为主。

2.3　声音文化概况

声音在贵州传统文化中承担着不可替代的现实功能，主要包括：①文化传承作用，即自古利用大歌、古歌等口传心授的方式将各种文化习俗世代沿袭，弥补只有语言没有文字的文化缺失；②教化作用，如侗族讲款、苗族"贾理"即由款师、贾师根据事务情境，以唱或颂传播伦理道德、风俗习惯、精神信仰、法律规范；③表达崇拜功能，如运用乐器、唱腔、象声词等模仿自然界的声音，

❶　高介华.中国西南地域建筑文化 [M].武汉：湖北教育出版社，2003：17.

表达自然崇拜；④传递信号功能；⑤"习惯法"的约束作用，如"栽岩"即是苗族古老的社会组织结构"议榔制"，通过议榔栽岩古歌的传唱，既起到时刻规范族人的作用，又有历史文化传承的作用；⑥氛围营造作用，即通过芦笙、芒筒、木鼓、木叶等自然界植物为材料制作的乐器，创造出不同的声音环境，迎合不同的文化形态，如芦笙可吹出八度、五度、六度、四度和音及三和弦效果，芒筒芦笙乐舞曲调悲壮肃穆，"滚山珠"曲调慷慨激昂，锦鸡舞曲调轻快流畅，鼓龙鼓虎 - 长衫龙曲调低沉浑厚，木鼓舞节奏明快等。总之，这些声音由各民族自发创造，世代口口相传，并与生产方式、生活方式息息相关，因此，是活在人民大众中间的文化形态，是构建贵州文化主体的最重要因素之一。

　　关于贵州传统声音，相关学者已从不同学科视角开展了深入细致的研究，如曹本治（2003）对传统仪式声音中的民间信仰体系和文化含义的研究❶；吴正彪（2007）关于口述、口头文学等声音对苗族文化传承和发展的非物质遗产的作用与价值的研究❷；李一如（2014）关于苗族古歌对民族学、人类学、音乐学等多学科的教育、审美意义的研究❸；石开忠（1989）关于侗族利用口传言教和借用汉字对其诗歌、民歌和侗书、款词等进行传承的过程的研究❹；薛英华等（2018）从人类学视角对于侗族大歌的数字化传承与保护策略的探讨❺；郎雅娟（2011）关于侗族民间歌谣传承机制和"饭养身、歌养心"的诗歌理论的研究，并归纳出了侗族口传文学的主要传承特点❻；邓敏文（2014）将流传在民间歌唱、念诵、表演中的口传历史故事重新进行了整理❼；张泽忠（2014）等提出在《款嗓嘎》流传过程中应强调"文化空间"和"人的因素"

❶ 曹本治. 中国传统民间仪式音乐研究（西南卷）[M]. 昆明：云南人民出版社，2003.
❷ 吴正彪. 黔南苗族口述史歌的翻译整理与研究价值浅论 [J]. 贵阳学院学报（社会科学版），2007（3）：19-24.
❸ 李一如. 历史叙事的口传范式——以苗族古歌为例 [J]. 西南交通大学学报（社会科学版），2014.15（4）：55-60.
❹ 石开忠. 传统侗歌的记录方法 [J]. 中南民族大学学报：人文社会科学版，1989（2）：31-31.
❺ 薛英华，杨传红，任芳. 人类学视域下侗族大歌的数字化传承与保护策略研究 [J]. 贵州民族研究，2018，39（1）：103-107.
❻ 郎雅娟. 侗族口传文学的传承机制研究 [J]. 贵州民族学院学报（哲学社会科学版），2011（2）：25-29.
❼ 邓敏文，吴浩. 侗族口传史 [M]. 南宁：广西人民出版社，2014.

的重要性 ❶，等等。截至 2014 年，国务院分四批次公布了 1372 项 "国家级非物质文化遗产代表性项目"，其中贵州苗族文化项目共 19 项，包括古歌、贾理等民间文学，飞歌、芒筒、芦笙等传统音乐，锦鸡舞、鼓龙鼓虎—长衫龙、滚山珠、反排苗族木鼓舞等传统舞蹈，鼓藏节、姊妹节、独步龙舟节、跳花节、栽岩习俗等民俗活动，共有 14 项与声音相关；侗族文化项目共 13 项，包括琵琶歌、大歌等传统音乐和萨满节、侗款等民俗活动，共有 9 项与声音相关。其中，侗族大歌于 2009 年入选了联合国教科文组织《非物质文化遗产名录》，凸显了其文化、历史以及在声音方面的一系列价值。

　　总而言之，在贵州传统乡村中，声音是活动最直接的体现，是保持传统村落活力的根本。传统声景是以文化为源、以空间为介、以文化输出为目的的重要文化遗产，并具有声音生态学划分的所有类型及特征，本书将从喀斯特生态住居文化所决定的基调声特征，以苗、侗、汉等为主的多民族声音文化所决定的标志声以及在社会历史文化影响下以防御性空间体系为典型的信号声三个方面，诠释其作为非物质文化遗产的价值与表现。

---

❶ 张泽忠，韦冰霞. 文化空间和人的因素：《款嗓嘎》的维实与求新 [J]. 百色学院学报，2014（1）：80-84.

第3章 基调声景观与生态住居文化

基调声(keynotesounds)源自于音乐术语,在音乐中是指那些可以构成主调、主旋律的音乐元素,Schafer 在最初的声景研究中便借用了这一专业术语, 他认为, 尽管环境中的基调声常常会被人忽视,且常伴随着环境因素的变化而改变,但环境中所有的声音都需要由背景声来加以衬托 ❶。此外,基调声也不需要环境中的人有意识地去听, 即使是无意中偶然听见也不会被听者所忽视,因为基调声早已不知不觉地成了环境中听者固有的听觉习惯。

3.1 聚落模式的生态适应性

每一种文化现象的产生都依托于其存在的自然环境, 每一种环境又都蕴含着其独特的地形地貌特征。在贵州, 喀斯特地貌便是影响整个地域内聚落风貌的最重要因素之一, 岩溶地貌所形成的山脉、河流等地形, 限制了当地人在改造和建造方面的创造力的发挥, 使得从整体聚落形态到单体建筑都深深地打上了环境的烙印, 表现出明显的亲近自然的倾向。例如聚落可按与山水的关系分为河谷坪坝型聚落、坐坡朝河型聚落、高山流水型聚落。其中, 河谷坪坝型又可分为山脚河岸型、山间盆地型以及山水环绕型三种形式;高山流水型聚落根据其在山上所处的位置分为山腰型、悬崖绝壁型和山顶型三种形式(表3-1)。

同时, 单体建筑作为人类活动最主要的空间, 建造时也必然要注重地形、水文、气候等综合环境因素的影响, 自觉或不自觉地打上了"自然"的印记。当地建筑的形体、材料、空间形制、朝向等均充分考虑了自然因素, 如针对湿

❶ SCHAFER R M. the soundscape—our sonic environment and the tuning of the world[M]. Rochester: Destiny Books, 1977: 9.

热的气候，采用底层架空、室内空间半开敞、通透的木构架建筑，并利用地形高差错层修建来增加建筑内通风等。加上湿润的空气、充沛的雨量、温和的气候、肥厚的土层以及良好的保水条件适宜杉木生长，使得轻盈通透的木结构建筑在当地得到了更加广泛的推广。但由于民族文化的不同，虽同为木结构建筑，形制也略有差别。

几种典型的生态聚落模式　　　　　　　　　　　　　　　　　表 3-1

（1）河谷坪坝型		
山脚河岸型	山间盆地行	山水环绕型
（2）高山流水型		（3）坐坡朝河型
山腰型	山顶型	

资料来源：罗德启. 贵州民居 [M]. 北京：中国建筑工业出版社，2008：134，198，216.

　　此外，居住聚落及建筑形态作为表达特殊时代与社会历史环境的文化现象，势必会打上社会时代的烙印，透射出较强的历史适应性与社会理性。因此，对先验文化的传承也是影响当地不同民族聚落选址与空间组合的要素。以人数最多的苗、侗、汉族为例，这三个民族在先验文化上的共性在于：他们都是从其他省份迁入贵州的外来民族。但由于迁移的原因不同，导致居住习俗千差万别，形成了"汉族住山脚，侗族住山腰，苗族住山头"的别具一格的生态选址与聚落分布模式，并且聚落常结合自然地形，尽量减少对自然的破坏，形成了散珠状、串珠状、条带状、团簇状四种聚落形态（表3-2）。

四种典型聚落形态 　　　　　　　　　　　　　表 3-2

类型	散珠状	串珠状	条带状	团簇状
示意图				
适用条件	洼地或坡陡的丘陵地区，耕地数量少，分散不连片，地势陡峭、崎岖的山地地区	山脚和河岸地区，或因聚落发展需要、避免占用耕地而迫使多余的人口逐渐分化出来形成新的聚落	低山区及河谷区，聚落近水源且河道两岸地形平坦，或受一边或两边的山地地形限制	地势较平坦的山顶、山坡或河谷坪坝

资料来源：伍家平.论民族聚落地理特征形成的文化影响与文化聚落类型 [J].地理研究，1992：53.（参考绘制）

3.1.1　苗寨依山凭险而居

据史书记载，历史上的苗族是一个充满战争血泪史的民族，原居于中原的他们是在经历无数次战败后，被蚩尤追赶驱逐而被迫隐匿于贵州的深山峡谷之中,故常被称作"山地的移民"或"山区迁移者"❶。苦难的历史决定了苗族是一个防御性极强的民族，历代受压迫的社会环境，迫使他们只能深居山野之中，前有来自山野的虫蛇猛兽，后有来自朝廷的追兵，也因此造就了苗岭人与生俱来的强烈的自我保护与防御意识。这种攻守方略在聚落建造模式中的体现即是选址的崇高尚险，并隐匿于密林之中，道路曲折迂回，空间狭小，建筑单体依山势凭险而建等。正如清代谷应泰《西南蛮夷》中所载，"行黔西五尺道，道左右高山矗矗，皆苗所焉居"❷，频繁的迁徙迫使他们"好入山墅，不乐平旷"，择险而居，以利于村寨的安全防卫，故逐渐地形成了依山凭险而建的聚落模式。

其天生的警惕意识反映在自然聚居模式上，首先是聚落选址与总体布局上常以一种强调隐蔽、高悬与遥望的倾向来增加入侵的难度❸，即利用地势的

❶ 石朝江.世界苗族迁徙史 [M].贵阳：贵州人民出版社，2006：4.
❷ 王文丽.父子连名与西江苗族文化 [D].上海：上海师范大学，2005.
❸ 罗德启.贵州民居 [M].北京：中国建筑工业出版社，2008：118-120.

"险"，如选址于峡谷之上或悬崖峭壁边，来取得最好的瞭望效果，仅修建一条狭窄的入寨路阻断敌人的大规模入侵，并在寨后建隐蔽的寨门与密林相连以利于逃脱与隐藏等，来确保聚落及其族人的生命安全；聚落内的道路组织被巧妙地修建成了迷宫，曲折险要并且没有回路，陌生人极易迷路，因此，入侵者到时就会像瓮中之鳖,难寻出口，而被苗人控制于股掌之中。其次，建筑之间以"于己有利、于他无利"为先决条件，构成了复杂微妙、户户相通的空间连通关系；建筑单体常依山或临河而建，并单独设后门与山林或河流相连以便于逃脱；入户门通常位于建筑的背面或侧面，并且不面对寨内主要道路；底层通常不住人且洞口尺寸小，二层窗洞口尺寸较大，既利于通风又利于瞭望和攻击；建筑内部各空间连通巧妙，形成回路。第三，苗族聚落内除铜鼓坪外极少建造公共设施，交易的市集也常位于聚落外的山脚下或公路旁，以尽可能地降低村寨的曝光度和人口聚集的危险性（图 3-1）。

图 3-1　"苗王城"的防御性设计

在单体建筑凭险而建的技艺上，苗人更达到了登峰造极的地步，其中又以吊脚楼最为突出。它亦为干阑建筑的一种，或遮或敞，层层出挑，占天不占地，出挑部分用长而细的木柱支撑，远远望去，仿佛是人坐着时悬出的脚，故名曰"吊脚楼"（图 3-2）。细长的吊脚几乎垂直于建筑地面，由于吊脚的长短可灵活设置，因此可契合任何复杂险要的地形，甚至可修建在坡度大于 30° 的陡峭山坡或悬崖绝壁上，均可创造出"天平地也平"的效果 ❶。

---

❶　李先逵. 干栏式苗居建筑 [M]. 北京：中国建筑工业出版社，2005：54-55.

图 3-2　吊脚楼支撑的转角处理

3.1.2　侗寨河谷族团聚居

"侗族是由其他地区迁入贵州并逐渐聚居到玉屏、从江等地"这一事实，早已在黔东南州从江县上皮林村的一块石碑上得到了证实。碑文上提到："迫至治极乱生……兵残民命，难保于身，不得已而为异域之迁移……弃故土而投他乡……" ❶ 由此可见，也是由于战争的原因，迫使侗族人民不断地向地势险要的贵州地区迁移。与苗族有所不同的是，侗族迁入了东南部温暖湿润的河谷坪坝或缓坡地区，这里植被繁茂，地势较平坦，土地肥沃，气候宜人且又靠近水源，使得熟悉水稻种植的侗人很快便能在此安居乐业。同时，喀斯特岩溶地貌所形

❶　杨权，郑国乔，龙耀宏.侗族 [M].北京：民族出版社，1992：22.

成的连绵山脉又构成了最天然的保护屏障，阻隔了外来的侵扰。因此，侗人才得以祖祖辈辈过着"日出而作，日落而息，凿井而饮，耕田而食，自给自足"的悠闲生活。

正是由于这种安逸封闭的环境，使得建筑营造不再如苗人那般，仅是用于遮风避雨、随时都可抛弃的临时住所，侗人融入了更多的生活旨趣，并有意地对聚居模式进行了设计。首先，就聚落选址而言，侗人是极其考究的，他们尊崇风水堪舆术中的"来龙去脉"之说，因此，聚落常背山面水，尽享林木之利、饮水之便，正如侗族大歌所唱："寨前坪坝好插秧，寨后青山好栽树。"其次，聚落布局展现了超强的民族凝聚力，在这个仍推崇"合款文化"的社会中，每个鼓楼代表一个氏族，或者可以说，鼓楼代表的是精神和空间的双重统领，因此不论是位于河谷坪坝还是位于山坡上的侗寨，远远望去，高耸的鼓楼永远是其最显著的标志，其他建筑常以鼓楼为中心整齐排列布局（图3-3）。

图 3-3　黄岗侗寨与五座鼓楼

3.1.3　汉商古城沿河杂居

汉族自先秦时期就已开始向贵州迁徙并且从未间断过，其原因既有逃避战乱或封建统治者的剥削压迫，也有自元代后政府为加强中央集权向西南部"调北填南"的屯军，还有那些为使屯成士兵安心边陲而迁入的江南富户及屯兵家眷❶。到了清初，道路修通、河流疏浚、驿站重建促使大量的汉籍客商纷纷涌入贵州，并逐渐成为汉族移民的主流。其中，因水系发达，水陆交通便利，大量汉籍盐商、木材商便逆沅江支流酉水、锦江、舞阳河、清水江而上，聚集在镇远、铜仁一带从事商业活动。

汉族人的聚居模式并没有受到周边少数民族的影响，而是照搬了江南徽派建筑模式，石牌坊、天井式民居、古祠堂被完全复制；高耸的封火墙错落有致，墙檐保留着水墨或色彩的宽幅花边，并成为分隔汉人文化与苗、侗文化的屏障；封火墙内街道阡陌封闭，井然有序；建筑青砖绿瓦、屋脊井然，石库门壮观气派。远远望去，只看到层层叠叠的屋脊及巍然耸立的封火墙，整个汉人聚落就如同一枚印章，四四方方且固若金汤。其商业性聚落模式最主要的特点是：商业与主要居住单元分离，城内一般都有一条主要的商业性街道，各种商铺和小贩聚集在街道的两旁，而居住单元则位于街道两侧、商铺之后集中布置，并通过垂直于商业街道的巷道将居住单元与商业单元相连，实现了功能空间的动静分离。

单体建筑也延续了汉人一贯的建造风格，采用砖木结构或传统穿斗式木结构，建筑一般为 2 ~ 3 层，由正屋与两厢组成，为三合院或四合院围合而成的一进院落或多进院落；正屋、两厢及入口回廊所组成的天井院落一般较小，宽大的屋檐挡住了大量的直射阳光，营造出了恬静宜人的空间氛围；建筑柱头、格栅门窗上的各种"福禄寿喜"等木雕题材，代表了不同时代的特点。其中，临街院落多采用前店后宅或前店后坊的形式，临街商铺采用两重檐（当地叫眉毛厦），作遮雨与遮阳之用。建筑细部的垂花柱、美人靠、太平缸、格栅门窗等雕龙绘凤、造型各异，极其考究，从侧面再现了当时当地汉族商贾的富足生活（图 3-4）。

---

❶　蓝东兴.我们都是贵州人 [M]. 贵阳：贵州民族出版社，2000：36.

图 3-4　中南门天井院落

3.2　单一声源的声学分类与特性

在贵州传统村寨里，由于重叠的声音很少，我们甚至可以清楚地听到那些不连续的声音，或者来自更远处对面山上的声音。而在那些水面环绕或与世隔绝的小聚落中，当地人常年生活在如此静谧的声环境中，使得他们也具备了通过声音感知来判断自然界变化的本领。具体谈到自然基调声的特征，可概括为既单一又复杂：单一，即声景性质单一，因当地封闭的自然环境以及连绵的群山阻隔了城市噪声的扩散，声音单纯地来自于自然界；复杂，即声源构成复杂，喀斯特地貌以及亚热带湿热气候创造出了鬼斧神工的自然景观与多样的物种类型，如此丰富的声源组合在一起，似乎彼此之间早已有了默契，声音多而不杂乱，它通常被看作一种背景声而被深深地烙在当地人的听觉记忆中。声源主要来自于所处地域的地理与大气环境，如水声、风声、树木摇晃的声音、鸟兽与昆虫叫声等，不仅丰富了听觉环境，还能提高地域的辨识性，兼有标志性的意义，如果没有这些声音的存在，声景环境会显得枯燥无味，甚至还可能影响到一个社会族群的行为或生活方式 ❶。因此，基调声是地域性声景观构成的基础，使声

---

❶ YU L，KANG J. Factors influencing the sound preference in urban open space[C]. Acoustics 71，2010：622-633.

景观具有立体感与层次感。按照声源的构成一般可分为地理声源和生物声源两种类型。

3.2.1　地理声源

1. 一般特征

地理声源指由特定地域的地理或气候条件所产生的声音，笼统地划分为水声和气象声。

水声是自然界中最常见的声音。水的形态有很多种：线状的流水，如溪流、瀑布；点状的水源，如泉水、渊潭等❶；面状的水域，如湖面、海水面等。不同形式的水声被广泛运用到了古典园林造景中，利用水的"流""落""滞""喷"营造出不同的水声景效果。由于所处的地理环境和水流位置、流水形式不同，又可分为瀑布声、溪流声、泉水声、湍急的水流声等。

气象声则是由于气候变化、四季交替现象而产生的声音，如风声、雨声、雷声等，也可根据不同的存在条件而划分为不同的类别。其中，风是由于气压的水平运动所产生的自然现象，它本身是没有声音的，是通过与其他物体摩擦产生出通常所谓的"风声"❷，并且常常通过使其他物体振动而产生许多与之相关的自然声，如树叶的沙沙声等。雨同风的发声方式相似，它本身并没有声音，而是通过敲打其他参照物发声。降雨量大小决定了雨声的特性，雨量越大，雨点越密集，声压级也越大；雨量小时反之。雨量大时还常伴随着风声与雷声，也正因此，雨声的频响分布范围较广，在 150 ~ 10000Hz 之间。雷则是由闪电产生的冲击波演变而成，研究表明，雷声声强谱的峰值的频谱在 4 ~ 125Hz 之间❸。位于可闻波段的雷声，从听觉效果上可分为炸雷、闷雷和拉磨雷三种。其中，炸雷的声音像爆炸声一样清脆响亮，通常持续 1s 左右；闷雷的声音十分沉闷，常重复数次；拉磨雷的声音低沉，由声波多次反射形成，持续时间较长。

2. 传统聚落里的落水声

水对于当地人，尤其是居住在海拔较高、夏季炎热的高山地区的苗族同胞

❶ 程秀萍 . 中国古典园林声境的营造研究 [D]. 武汉：华中农业大学，2008.
❷ RUSPA G. Sound effects within a wood[C]. Sessions，2008：3.
❸ 杨训仁，陈宇 . 大气声学 [M]. 北京：科学出版社，2007.

来说，是生命之源，充足的河流资源可起到调节气候的作用，傍水还可享开垦梯田、灌溉、饮水、交通之便。如侗族，不仅侗寨选址在水域旁，而且每个侗寨里都会有数个水塘，故侗族又有"溪峒"的别称，其中的"溪"就是指侗族选址地"中间有坪坝，坝中多溪流"❶，充分体现出了侗民在聚落建造伊始便拥有一种永恒不渝的亲水情结。因此，水是贵州传统聚居区最重要的构成因素，而水声也是基调声中最常出现的声音元素。加之聚落内的建筑大都采用全木结构的干阑式，围护结构缝隙大，因此，声透射比例较高，于是各种落水声自然地被运用到建筑声景之中。如每个苗侗族村寨中都有数口池塘，通常每个由若干户围合的空间内都会修建一口池塘，既可蓄水防火，又可饲养，虽是静水，但当雨水敲打、投石入水、野鸭游动时，吹皱一池春水、激起层层涟漪，也形成了别样的声景效果。吊脚楼则常建于水边，吊脚犹如纤细的"脚"深深插在水中，建筑仿佛是从水里长出来一般。

　　其中，河流是落水声最主要的来源，可通过面河或临渠，或伴泉，或借涧，将水声融入建筑景观之中，增加动态的美感。喀斯特岩溶地貌中水系非常发达，溪流、暗河加上雨水或植物根系水分的蒸发还形成了众多池塘、河流或者瀑布，并常因流经位置不同，声效果亦有所区别。位于山涧的溪流长年不断流，并随溪流的宽窄缓急，声音时大时小。宽广的河流发出连续不断的流水声，经过周围山上岩石的反射和与河岸的撞击后，声音在数里之外仍能听到；而当水流从山顶坠落至数百米之下时，首先是死一般的寂静，然后是撞击到底部岩石的嘈杂声，正如《夏村八景》中《鼓鸣深涧》所写："镗鎝声从涧底回，不曾风雨也闻雷。正平善打渔阳鼓，直向龙宫喷出来。"用祢衡的"击鼓骂曹"典故，来形容涧底的巨大声响❷。

　　本书对铜仁至石阡乌江流域水深在 10 ～ 30cm 之间，以鹅卵石为河床的河流水声作了测试。此流域为典型的山区雨源型河流，即通过降水补给，水流自西南向东北流淌。测试时间为 6 月，正值乌江水系丰水期（5 月至 10 月），平均流量为 1650m³/s，流速约为 6.5m/s。测试点共 3 个，分别是河流支流、干流

❶　蔡凌 . 侗族聚居区的传统村落与建筑 [M]. 北京：中国建筑工业出版社，2007：35.
❷　张新民，李江毅 . 贵州地域文化研究论丛（二）[M]. 成都：四川出版集团巴蜀书社，2018：188.

（有较突出的鹅卵石），以及干流和支流的交汇处。

结果显示，三处测试点的落水声都以中频声为主，其中支流水声声能在各频段分布比较均匀，在250～500Hz之间略高；干流水声声能按中频、高频和低频逐级递减；河流干流与支流交汇处的声能在中高频段与支流相似，低频段则与干流接近，因此看起来更像是两种流水声声能分布的结合（图3-5）。其中，干流域因流速最大并且不断地撞击鹅卵石，A声级最大，L_A=53.0dB；支流域水流速度缓慢，A声级最小，L_A=43.3dB；在主流与支流交汇处，L_A=46.8dB（图3-6）。尽管从数据上看三点差别不大，但听者却仍能明确地加以分辨，因此，在景观设计中可利用不同形式的落水理论，创造更多层次的声景，这已在中外古典园林设计中获得了大量实践。

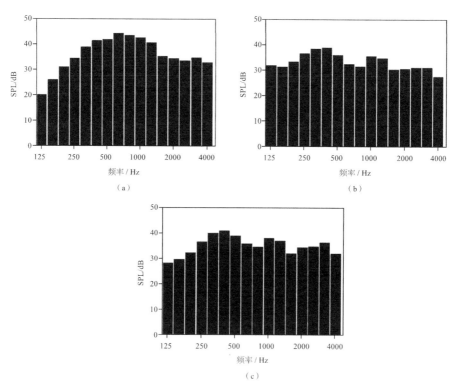

图3-5 不同流域水声的频谱特征

（a）支流域；（b）主流域；（c）主流与支流交汇处

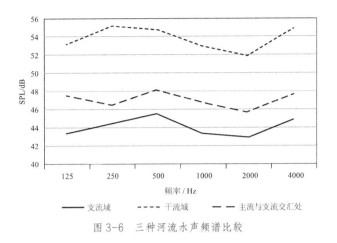

图 3-6 三种河流水声频谱比较

除了不同位置的河流落水声外，雨声也是联系最为密切的落水声，但每每问到雨天印象最深刻的声音，回答通常只有雷声。事实上，雨声的影响远远超过雷声，它是持续存在的声音，是潜移默化地影响着人们的听觉感知的背景声。雨声与所在环境的密切相关性以及环境的营造作用，已在大量文学作品中被广泛运用，如运用对雨声的描述来烘托凄凉、悲壮的场景气氛。本书选取了铜仁中南门古城进行雨声测试，一方面是因为受文学作品的影响，如徽派建筑群中打着油纸伞听雨声的场景，另一方面是因为天井中利用雨水实现其内部的生态循环，因此雨是天井建筑文化的重要组成部分。

中南门古城地处川、湘、黔三省交界处，依靠水运之便，一度江南商贾云集，大批江南建筑相继落成，古城内具百年历史的望楼、宗祠、戏台、民居、店铺、城墙、码头渐次排开。测试时节为当地雨水集中期，占年降雨量的 40% ～ 45%，测试点分别位于古城主街和沿街商铺后的天井院落（图 3-7）。测试时气温为 18℃，气象条件为中雨，24 小时内降雨量为 22.7mm，相对湿度为 78%。

结果显示，与天井院落相比，主街雨声声压级波动幅度较大，声压级变化范围在 32.8 ～ 46.0dB（A）之间；而雨水经过天井内大屋檐遮挡后变成了雨滴，声压级变化范围在 17.9 ～ 29.6dB（A）之间（图 3-8）。

图 3-7　中南门古城雨景

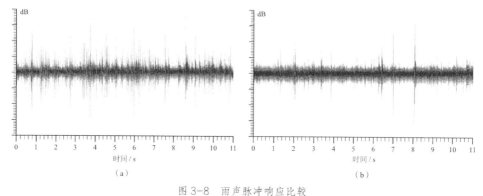

图 3-8　雨声脉冲响应比较

（a）主街道上；（b）天井院落内

　　事实上，雨本身是没有声音的，只是撞击障碍物后发出的撞击声。研究表明，粒径越大的雨滴降落末速度越大，落地冲量越大，产生的雨噪声也越大❶。该测试即为同一气候条件下不同建筑空间的声音对比，雨滴大小是相同的，结果显示（图 3-9）：两种声音的频谱特征和斜率基本相同，即都是从 630Hz 开始呈下降趋势，这是因为两个空间的地面都采用了同样的石材铺装。由此也可获得结

---

❶　HOPKINS C，ENG B，ENG C，et al.Rain noise from glazed and lightweight roofing [M].BRE Environment，2006.

论：同一地点、同一时段的雨声频谱特征受空间形态影响较小，而主要与雨点撞击物的材质有关，其区别仅表现为声压级值的大小区别。

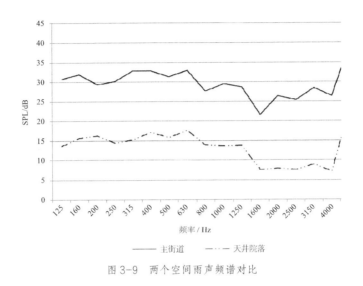

图 3-9　两个空间雨声频谱对比

3.2.2　生物声源

1. 一般特征

生物声源指由动物发出的声音。首先，虫鸣声是数量最为庞大的声源构成，尤其在温润湿热的自然环境中，昆虫种类繁多，因其发声方式不同而形成了不同的声频谱特征与听者感受。Schafer 研究表明，昆虫大都通过扇动翅膀或摩擦方式发声，在自然界中听到的许多较刺耳的昆虫鸣叫声都是由以上两种方式发出的。例如蚊子和蜜蜂的嗡嗡声，蜜蜂翅振频率为 200 ～ 250c.p.s，蚊子为 587c.p.s；蝈蝈则是通过翅膀摩擦发声等。由于虫鸣声大多数属高频声范畴（其值在 400 ～ 1000c.p.s），而人耳对中高频声音又十分敏感，因此对于人的听觉感受来说，构成了一个由各种高音混合而成的、难以区分的高频噪声❶。

事实上，自然界中的所有昆虫都会发声，只是在人耳听力阈值（16 ～ 20000c.

---

❶ SCHAFER R M. the soundscape—our sonic environment and the tuning of the world[M]. Rochester：Destiny Books，1977：34-35.

p.s）之外的声音人类是听不见的。例如蝴蝶通过振翅发声，翅振频率为 5 ~ 10c.p.s，低于人耳听力阈值；蝗虫通过摩擦发声，声频高达 90000c.p.s，比人耳可感知的极限声音还高了两个八度，因此没有人能听到它们的叫声。昆虫鸣叫声无论是生理性的还是季节性的，都具有规律性的节奏和复杂性的频率结构，有时其谐频还会上升到超声波的范围并形成宽频带噪声。例如当录音设备靠近蝗虫声源时，其声压级为 25dB（A），但当蝗虫遇到袭击时，扇动翅膀发出的噪声将高达 50dB（A）；麦克风在距离蚂蚱 10cm 处录得的噪声声压级高达 67dB（A）；许多蛾类，即使在距离最近的地方进行测试，其声压级也仅 20dB（A）；而那些具有坚硬翅膀和身躯的小昆虫如苍蝇、蜜蜂和甲壳虫等，发出的声音却可高达 50 ~ 60dB（A）。有时，虫鸣声所营造的声景也被划为信号声的一种，这是因为它们时常被农民看作某种节气的标志，如在 5 月份蝉开始鸣叫时，农民们便开始忙于播种。

其次，自然界中没有任何一种声音能如鸟叫声一般如此强烈地吸引人类的注意力，尤其是鸟在保护其居住领地时发出的叫声，划分出了声学空间范围，使其他鸟类和动物能清楚地识别出其领域边界。更由此引发出"声空间"这一概念，成为声景构成最重要的载体，尤其在私人空间正日益受到威胁的当今社会，模仿鸟类与其他动物之间这种利用声音来划定其相互重叠、互相穿插的领域空间范围的方法，将具有现实意义。

鸟的种类繁多，因此，鸟叫声的频谱特征也丰富多样（图 3-10）。一些异常尖锐；一些则因为其数量众多，一时间成了某个声景的主导声；一些鸟类发出持续的清脆叫声，产生了如蝉鸣般密集的声景效果。但与蝉鸣的区别在于：鸟叫声常在每声之间有停顿，是断断续续的发声方式，因此营造的声景具有独特的空间性和层次性；而由摩擦产生的蝉鸣声是持续发声 ❶，因此，声景里似乎没有前景声或背景声之分，更谈不上声音的立体效果。鸟叫声的声学结构也是十分复杂的，许多鸟类都是天生的模仿者，它们不但可以模仿其他鸟类的声音，还能模仿所在环境中其他动物，如鹰，甚至汽车喇叭等现代工具的声音。鸟叫声中常包含许多重复的音节，虽然其实际作用至今仍不得而知，但已有研究发

---

❶　MARSHALL A J. The function of vocal mimicry in birds[C]. Emu Melbourne，1950，50：9.

现重复旋律的主旨、变化和扩展程度都与乐器不谋而合❶，因此，诗人常将两者
加以比拟。

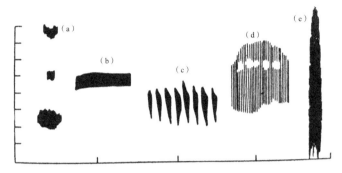

图 3-10　各种鸟叫声频谱示意图

（a）夜莺的声音，纯净的协奏曲；（b）白色麻雀的叫声，清脆的口哨声；（c）沼泽莺的叫声，颤抖
　　的音乐声；（d）灰色大麻雀的叫声，单调的嗡嗡声；（e）虎皮鹦鹉，嘈杂的粗而响的叫声

资料来源：SCHAFER R M. the soundscape—our sonic environment and the tuning of the world[M].
　　　　　Rochester: Destiny Books, 1977: 31.

　　音乐学家也开展了很多关于鸟叫声的声学研究，证明了某些鸟类的声音所
包含的意义与情感同人类声乐作品和音乐表达的内容相同。例如幼鸟哀嚎的声
音中只包含下降的频率，而在其欢快的鸣叫声中，上升的频率占主导，这种频
率特征同样存在于人对悲伤和快乐的声音表达中。研究发现，鸟叫声不是单声
调的，大多时候是由复杂的声调所组成的，甚至有时被看作噪声。种种迹象表
明，鸟类的声音明显地经过了精心设计，是它们有意识的沟通方式❷。

　　每一个特定环境都拥有其独特的鸟叫声声景，就如同语言一样具有浓郁的
地域特征，并构成了当地的基调声景。这一点可从贵州苗侗族人进行的大量鸟
叫声运用和模仿中得以证实。其中，苗族人分外爱鸟，几乎家家户户都养鸟，
一方面是源于民族传说，认为鸟也是人类的祖先而加以崇拜，最主要的则是对
鸟叫声的偏爱。

❶　HUXLEY J，KOCH L. Animal language[M]. New York，1964.
❷　SCHAFER R M. the soundscape—our sonic environment and the tuning of the world[M]. Rochester:
　　Destiny Books，1977: 33.

此外，动物鸣叫声也是自然基调声最主要的组成部分，它通常兼有报警、吸引异性、母子交流、觅食或社交等功能。尤其是食肉动物的叫声，如狮子吼叫声、狼嚎叫声或是土狼笑声等，声音覆盖范围较广，并时常会营造出一种令人毛骨悚然的声景氛围，因此给人留下了极其深刻的印象，人们一旦听到就很难混淆或忘记，即便是诗人的口头描述仍会使人产生可怕的联想而不寒而栗。其中，狼的嚎叫声给人的印象是孤独的、忧郁的，通常先由狼群首领开始独吼，随后，狼群中的其他狼才会加入，起初是嚎叫，之后便逐渐变成了不规则的尖叫。狼群也正是利用叫声构成的声学空间，来划定其所占领的范围。

但并不是所有情境下这些肉食性动物发出的声音都会令人不安，如当狮子幼崽利用尖叫声来引起父母注意时，母狮会从嗓子里发出摩托车启动时那种隆隆声来回应，充满了母性的爱意；而当狮子处在安静的、没有攻击性的环境中喂养时，发出的吼叫声也是低沉且温柔的；只有在捕杀猎物时，它们才会发出那种短暂的、可怕的凶猛咆哮。此外，还有一种狮吼只有在夜晚才能听到，此时，狮子会将嘴巴贴近地面以产生共鸣和混响的效果❶。

畜禽等动物叫声是和日常生活关系最密切的声音。如狗叫声通常是不连续的，有细微的起伏变化，并代表了不同的含义：急促的叫声是最基本的警告方式；不间断的叫声则表示孤独，需要陪伴；连续几声吠叫声则是呼唤同伴前来协助。

关于动物的鸣叫声，语言学、音乐学方面都有了深入的研究。如通过音乐学家的研究发现，几乎所有的动物声音元素都被运用到了人类的音乐中；语言学家则发现，动物在追逐、警告、惊吓、发怒等情况下发出的标志性声音，其持续时间、强烈程度和音调变化都与人类的许多咒骂用语相一致。而在同一情境下，人类通常还伴随着嚎叫、咆哮、啜泣、哼唧或尖叫❷。这充分说明一个事实，即和人类共居在同一个地理空间中的动物的鸣叫声，会被频繁地运用在当地人的民间传说和仪式中。在这些仪式上，表演者用极其夸张的模仿方式将这些动物声音运用到了召唤神灵的咒语当中，有时甚至像是在举办一场规模宏大的音

---

❶　HUXLEY J，KOCH L. Animal language[M]. New York，1964.

❷　JESPERSEN O. Language：Its nature，development and origin[M]. London，1964.

乐会，音乐会中每一位歌者分别模仿一种特定的自然界声音，包括风声、树叶沙沙声、动物打斗时的嚎叫声等。

此外，人类语言本身就源自于对动物声音的拟声模仿，拟声真实地反映了声景环境特征，即使在语言系统极其发达的今天，我们仍会使用一些描述性的语言来营造声环境。人类运用了许多不同的词语来描绘他们所听到的最为熟悉的动物叫声。这些词语为行为动词，而且其中的大多数还是拟声动词，如：狗（汪汪）、牛（哞哞）、猫（喵喵）、狮子（吼叫）、山羊（咩咩）、老虎（咆哮）、狼（嚎叫）、老鼠（吱吱）、猪（哼哼）、马（嘶叫）等。

2. 苗寨里的虫鸣声

在以往的动物声景研究中，关于各种动物叫声的课题已开展了很多，如鸟类学家已对鸟叫声进行了细致的功能分类，包括愉快的叫声、悲痛的叫声、保护领地的叫声、警示的叫声、战斗时的叫声、筑巢时的叫声、成群的叫声、喂食时的叫声等。声景学者也开展了一些城市公园声景的研究，对其中的各种动物声音进行了统计和主观调查与评价，但却鲜有针对纯自然环境开展的动物声景研究。以昆虫为例，虽然种类很多，但大部分声音通过日常生活经验是可以辨别的，如苍蝇、蚊子、蝉和黄蜂等的声音就很容易辨别，听觉敏锐的人甚至可以区分公蚊子和母蚊子的声音，因为公蚊子的声音听起来音调更高❶。然而，迄今为止，昆虫学家尚不能精确地测量和分析出昆虫叫声的强度和频率，因为目前尚难脱离开环境影响单独地去录制某个昆虫样本的声音❷。但这并不会影响到此次研究的结果，因为本书关注的并不是某个单一生物的声音特征，那是动物或昆虫学家的任务，而是要发现这些声音在营造整体人居声景环境中所展现出来的声学特性及其文化属性。

本书对岜沙苗寨的虫鸣声进行了测试。这个隐匿于月亮山林海之中的古老苗寨，依山势而建，吊脚楼保留了木材的原貌，饱含着浓郁的历史沧桑感

---

❶ SCHAFER R M. the soundscape—our sonic environment and the tuning of the world[M]. Rochester: Destiny Books，1977: 34-35.

❷ FONTERRADA M T O. Acoustic ecology in Amazon-a project for the soundscape study of the natural, anthropic and technological environments[C]. Twelfth International Congress on Sound and Vibration，2005.

（图 3-11）。行走在古寨中，随处可听闻一种蝉鸣般高亢密集的鸣叫声，连续 5 组测试（表 3-3）结果显示，这种虫鸣声的声压级较大，L_A=65.6dB。

图 3-11 岜沙苗寨

岜沙苗寨虫叫声分析（dB）   表 3-3

频率（Hz） 测试点	125	250	500	1000	2000	4000	8000	A
1	50.1	48.9	48.5	41.4	44.6	63.5	45.1	64.8
2	40.9	37.1	35.0	40.6	44.4	64.1	45.3	65.3
3	39.9	35.6	32.7	34.4	43.3	65.1	46.0	66.2
4	42.1	36.8	35.2	35.6	43.3	64.9	46.0	66.0
5	40.3	34.6	34.6	34.7	43.3	64.6	45.6	65.8
平均值	42.7	38.6	37.2	37.3	43.8	64.4	45.6	65.6

1/3 倍频程 125 ～ 4000Hz 频谱图显示出了虫叫声在各频段声能分布不均匀的特性，其中高频 4000Hz 最大，低频较中频略高。研究还发现，虫叫声同鸟叫声一样，其声音构成中没有低频声，录音文件中的低频声主要来自于背景声中的风声、人语声以及机动车噪声。其中，4000Hz 时最为清晰（图 3-12）。通过高频 2000Hz 和 4000Hz 声压级随时间变化曲线也明显可以看出，声波上下幅度在 18dB 左右，周期为 1.8 ～ 2.0s（图 3-13）。

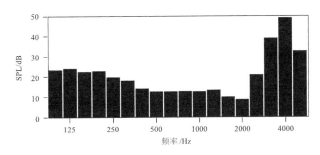

图 3-12　1/3 倍频程时虫叫声频谱特征

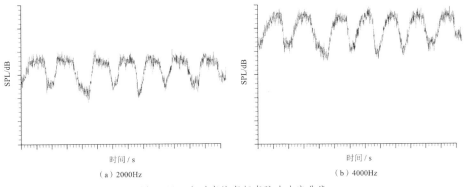

（a）2000Hz　　　　　　　　　　　　　（b）4000Hz

图 3-13　虫叫声的高频声脉冲响应曲线

3.3　典型聚落空间的声景特征

国际上早已开展了关于声音在不同空间中的传播特征研究。自古希腊时期便开始对剧场等观演空间进行声学设计，如维特鲁威的《建筑十书》记载了古希腊剧场的音响调节方法。15 ～ 17 世纪欧洲剧院设计中已考虑了声场的混响，采用环形包厢与台阶式座位，并考虑到了听众的衣着对声能的吸收以及建筑物内部繁复的凹凸装饰对声音的散射作用使混响时间适中，声场分布也比较均匀等❶。还有利用现代技术针对古希腊和古罗马露天剧场的 RT 和 SPL 分布等进行的测试与模拟研究❷。此外，前期研究已证实开放空间的混响研究同样具有重要意义，它是城市街道和广场声环境的重要指标，如声压级一定而混响时间较长的噪声引起的烦扰大❸，适当的混响时间比如 1～2s 能使街道的音乐更令人愉快❹。

　　因生活模式的单一性，贵州传统聚落的声环境较城市简单安静许多，尤其在黄昏时分，由于人的视力会下降，听力就会变得更加敏感。由于聚居模式的不同，导致声音在不同空间中的传播方式亦不同。如苗族山地聚落建筑依山而建，空间复杂多变，故声音自上而下或自下而上地传播；侗族坪坝聚落建筑以鼓楼为中心衍生，故声音也以鼓楼为中心向四周水平扩散传播；汉族聚落多位于城市中心，封火墙间形成的巷道对声音传播具有导向作用。结果显示，远离城市的苗侗村落夜间背景噪声值在 30dB（A）左右，白天由于公鸡、牛、羊等动物受光刺激而兴奋地发出叫声，数值约为 50dB（A），其他时间，数值约在 40dB（A）左右。如下午 14 时朗德下寨铜鼓坪背景噪声平均值为 45dB（A）；岜沙苗寨中午 12 时背景噪声平均声压级约为 45dB（A），其中高频 4000Hz 稍高，是持续不断的虫鸣声造成的（表 3-4）。根据国际标准化组织（ISO）规定的乡村住宅室外噪声容许标准基本值 35～45dB（A）❺，虽然这些村落的声压级并不低，但由于其声源是人、动物和气候等的活动，结合古朴肃穆的建筑景观，总给人以安静舒适的感受，说明视觉的正面评价可以降低声景观引起的烦扰❻。

---

❶ 邢双军. 应用型本科规划教材：建筑物理 [M]. 杭州：浙江大学出版社，2008：9.

❷ CHOURMOUZIADOU K，KANG J. Acoustic evolution of ancient Greek and Roman theatres. Appl[C]. Acoust（69），2008：514-529.

❸ 康健. 吸声降噪的主观评价实验 [J]. 噪声与振动控制，1988（5）：20-28.

❹ KANG J. Sound propagation in interconnected urban streets：a parametric study[M]. Environment and Planning B：Planning and Design，2001：281-294.

❺ 马大猷. 声学手册 [M]. 北京：科学出版社，2004：21.

❻ MAFFIOLO V，CASTELLENGO M，DUBOIS B. Qualitative judgements of urban soundscapes[C]. Proceedings of Inter-Noise，USA，1999.

芭沙苗寨中午 12 时背景噪声统计（dB） 表 3-4

频率（Hz）\\测试点	125	250	500	1000	2000	4000	8000	A
1	34.5	31.4	34.8	32.4	31.4	39.6	17.7	42.2
2	38.1	34.2	37.7	33.7	31.2	39.2	35.5	43.1
3	40.2	31.0	34.7	32.2	28.1	39.0	18.4	41.5
4	39.8	30.9	36.2	37.1	36.5	39.5	39.1	44.8
5	34.3	31.4	35.9	35.0	32.4	39.7	32.9	43.2
6	36.6	31.0	36.5	37.8	32.6	40.5	39.7	45.1
7	31.3	30.8	32.5	31.1	27.6	39.9	32.7	42.3
8	31.6	31.4	35.5	34.1	31.8	39.7	31.2	42.9
9	42.3	42.9	48.1	47.1	41.4	47.0	38.3	52.3
10	36.0	36.5	39.1	37.4	35.5	48.5	32.8	50.2
11	44.3	38.4	39.9	38.7	30.8	44.0	34.8	47.1
平均值	37.2	33.6	37.4	36.1	32.7	41.5	32.1	45.0

3.3.1 少数民族山地聚落空间

苗侗等少数民族聚落常随山势而建，建筑大都平行于等高线层层修建，故因地势高低不同而产生了一定的高差，坡度大的地区甚至后排建筑的地基高于前排建筑的屋顶。水平方向上，声音的传播也不是固定的，随着起伏不定的地形、随意摆放的建筑及错综复杂的道路而变幻莫测。以芭沙苗寨为例，一方面是因为这是一个典型的山地型聚落，内部空间复杂多变，另一方面则是因为这里有混响时间测试时所需的脉冲声源——火药枪声。作为国内唯一保留下来的可以合法持枪的民族聚落，枪声是当地最具标志性的声音，声压级瞬时可达 92dB。

关于室内空间混响效果所产生的影响，以往研究已经给予了广泛关注，并已获得了不同建筑功能对内部混响时间的不同需求。近些年来，伴随着生活质量的提高，国内外学者逐渐将视点转移至室外空间的混响效果上，如对城市广场与街道中混响时间的讨论与研究 ❶。但从严格定义上说，这类声音随时间的衰

---

❶ 葛坚，罗晓予，沈婷婷，等. 城市开放空间 GIS 声景观图及其声景观解析中的应用 [C]// 城市化进程中的建筑与城市物理环境. 广州：华南理工大学出版社，2008：118-121.

减不能称为混响，也没有像室内声学测试那样统一的方法，因此在测试时参考了以往研究的方法，以枪发出瞬间的脉冲声为声源，并记录声音在不同空间中的衰变过程（图3-14），测试者距声源的直线距离为10m左右。这种方法已广泛使用于城市广场和街道声场的现场测量，其所测结果的相对准确性也已在相应研究中给予说明与证实❶。

图 3-14　苗族火枪手

随山势而建是苗族最常见的聚落模式，村寨道路的曲折以及空间组合的连通，使苗族山地聚落内部空间类型极其丰富，既有夹于山与建筑之间的狭长封闭空间，又有因建筑顺应曲折道路构成的不规则围合空间，有的聚落直接将坪坝建在山顶。因此，选取岜沙苗寨的四个最具代表性的空间进行测试，在村落中的位置如图3-15所示。其中：

❶ 葛坚，罗晓予，沈婷婷，等. 城市开放空间 GIS 声景观图及其声景观解析中的应用 [C]// 城市化进程中的建筑与城市物理环境. 广州：华南理工大学出版社，2008：118-121.

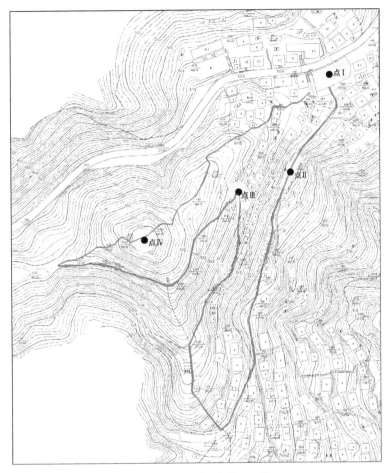

图 3-15　四个测试点位置示意

　　空间 I：围合空间。该矩形空间为寨内主要活动场地——寨内坪坝。两短边方向为 2 层全木质建筑；一长边紧邻宽约 6m 的村寨主道，道路另一侧建筑层高 2 层，虽有稀疏的行道树作视觉分割，但对声音传播影响甚微，故可将道路与其视为整体；另一长边地势高差大，建筑屋顶与坪坝地面齐平。地面铺设硬化，零星种植着几棵叶冠较小的树（图 3-16）。

　　空间 II：狭长空间。纵深大，宽仅 3m 左右，1.5m 宽的石板路一侧为废弃的 2 层木质建筑，围护结构通透且底层部分架空；另一侧高 4m 左右的土坎上仍为底层部分架空的当地民居。路边有两座晾晒粮食用的禾晾架（图 3-17）。

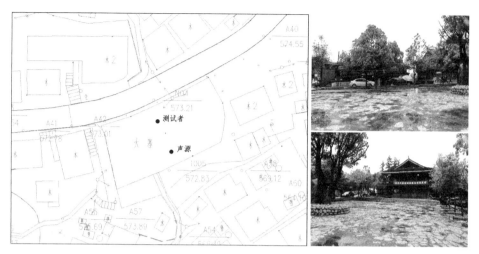

图 3-16　测试空间 I

图 3-17　测试空间 II

空间Ⅲ：转折封闭空间。道路沿建筑形成直角转折，测试者和声源分别位于同一建筑的相邻两侧相互看不见的位置。道路空间宽约 4m，一侧与建筑二层地面齐高，另一侧高约 1m 的土坎上建有 2 层木质建筑（图 3-18）。

空间Ⅳ：开阔空间。山顶平台视野开阔，无遮挡，仅有几座禾晾架，四周没有任何建筑或树木遮挡，地表植被茂盛。声源位于空间的中心，测试者位于悬崖边缘，面对声源，背临深渊（图3-19）。

图 3-18　测试空间Ⅲ

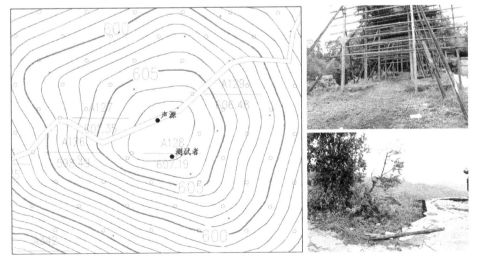

图 3-19　测试空间Ⅳ

从结果来看，枪声停止后，每个空间都产生了不同程度的混响效果，但混响时间略有差别（表 3-5）。以 T_{30} 为参考值，即以声音降低 10dB 时为起点，降低 30dB 所经过的时间（表 3-6）。

声能随时间衰减曲线　　　　　　　　　　表 3-5

	125	250	500	1000	2000	4000
I						
II						
III						
IV						

1/3 倍频程时 T_{30} 数值统计（s）　　　　　　表 3-6

	125	160	200	250	315	400	500	630	800	1000	1250	1600	2000	2500	3150	4000
空间 I	1.19	0.67	1.02	1.02	0.77	0.62	0.88	0.86	0.88	0.82	0.84	0.85	0.8	0.84	0.79	0.75
空间 II	0.39	0.66	0.51	0.38	0.43	0.79	0.58	0.55	0.63	0.59	0.66	0.53	0.52	0.57	0.51	0.47
空间 III	0.53	0.44	0.48	0.36	0.49	0.56	0.44	0.54	0.33	0.49	0.44	0.37	0.32	0.30	0.31	0.35
空间 IV	0.79	0.34	0.16	0.68	0.67	0.55	0.62	0.91	0.79	0.60	0.87	0.85	0.79	0.62	0.87	0.66

其中，空间 I 的 T_{30} 最长，其次是空间 IV、II，空间 III 最小。究其原因：空间 I 建筑围合，绿化很少，地面铺设硬化，因此对声音的反射作用大于吸收；空间 IV 开阔，树木少，山谷的回声也加强了声音的混响效果，尤其在 630 ~ 1600Hz 之间最明显；空间 II 狭窄，纵深大，声音被反射次数多，短时间内多次被叠加；空间 III 虽为一个封闭空间，但建筑遮挡了直达声，加上建筑木

围护结构的声通透以及潮湿土壤和木材的声吸收，因此声音大多直接被透射入室内或被吸收（图3-20）。

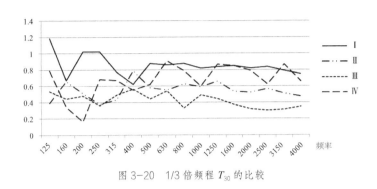

图 3-20　1/3 倍频程 T_{30} 的比较

　　倍频程时各频段声能随时间衰减曲线如表3-5所示，也可说明声音特征与声场空间形态和传播介质直接相关。其中，空间Ⅱ声压级最大，空间Ⅰ、空间Ⅳ次之，空间Ⅲ最小。这是因为：空间Ⅱ较长，空间的反射声多次叠加，且声源的指向性很强；空间Ⅰ是半封闭空间，地面大面积硬化也增加了声音的反射效果；空间Ⅳ较开阔，由于反射面较少，传播的范围广且指向性差；空间Ⅲ虽为一个封闭空间，但建筑遮挡了直达声的传播，加上木构建筑的大量声透射和土壤对声音的大量吸收，因此声压级最小（图3-21）。

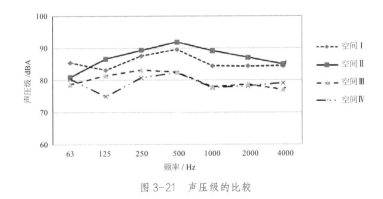

图 3-21　声压级的比较

　　再从声音的文化视角加以分析，其原因是：空间Ⅰ寨内坪坝位于全寨的重要入口处，是发生重大事件时最主要的议事和集会场所，因此其空间的声传播范围和影响力应该在聚落中最为突出，应具有明显的聚声效果；其次，作为寨内最重要的公共活动和表演场所，要求表演时具有丰满的声音构成。空间Ⅱ、空间Ⅲ本身形态复杂，已增加了敌人的入侵难度，再加上空间内混响对声效果的放大，故更可起到提前预警的作用。二者合一，侧面反映了苗族人"于己有利、于他无利"的建造需求。

3.3.2 汉族天井聚落空间

汉族聚落大多修建于城市中，高大的封火墙既起到空间分割的作用，又可以阻止相互之间的声音干扰，亦可看作少数民族聚居区内汉文化与其他文化之间的屏障。相比于复杂多变的苗族聚落空间，汉族聚落的空间形态也较为单一，主要包括由封火墙所构成的进深大、纵向高的狭长巷道空间，以及由正屋、两厢及入口回廊所组成的天井院落空间。高而深的巷道为声音的水平传播提供了通道。

如铜仁中南门古城中的陈家巷，作为古城中保存最完整的古巷，夹于两座高耸的封火墙之间，是联系天井院落与主街道的唯一通道，两侧高大精美的石库门、封火墙上精美绝伦的飞龙雕花体现了当时汉商主人的富足。该古巷长约100m，两侧墙高近10m，宽却不足5m，通过一座骑楼与主街道相连（图3-22）。主街曾为城市次干路，中南门保护规划实施以后，被划定为古文化步行街，无车辆穿行，因此声场基本稳定。有研究已对狭长空间的声学特征（包括 RT）有

图3-22　汉天井聚落——陈家巷

了较全面的探索与分析 ❶，因此本次研究的侧重点是声压级沿狭长空间的衰减
特征。测试者沿巷道从最里层的院落围合空间①点出发，由内而外基本保持匀
速前进，以主街道④为终点，记录声级计的变化（图 3-23）。

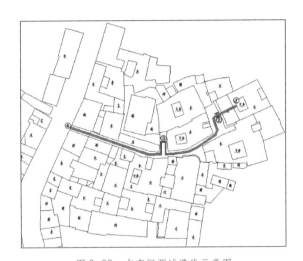

图 3-23　中南门测试路线示意图

①天井院落内；②巷子最深处；③巷中凹形后退空间；④巷口

结论为：

（1）院落内①处 L_A=33.3dB，声压级变化很小，声源主要为院落内鸟叫声
和人语声，进入巷道②时，声压级瞬时增大至 41.7dB（如图 3-24 中两条实线
所示），说明高大的封火墙起到了较好的隔声作用，墙体很高且堆砌密实、无
缝隙，阻止了声音的水平向传播；院落中宽大的屋檐之间仅留有较小的天井与
外界联通，阻止了声音的纵向传播；居住单元的唯一出入口设在巷道两侧且都
刻意不正对主街入口，因此没有直射声。

（2）巷道声压级由内至外呈逐渐上升趋势，巷道最深处②的 A 声级为
41.7dB，主街道口④处的 A 声级为 52.9dB，两点相距百余米，声压级却仅相
差 11.2dB，是因为石砌封火墙面和石板地面对声音进行了多次反射，加上空间

❶　KANG J. Acoustics of long spaces：theory and design guidance[M]. London：Thomas Telford Publishing，2002.

高深、狭窄、进深大，直达声和反射声形成了空间的混响。

（3）巷道中③处为面向巷道后退约 3m 的凹字形空间（图 3-23），由于接收不到直达声，声压级明显有所降低（如图 3-24 中两条虚线所示）。这一方面体现了直达声的重要作用，另一方面也说明高大的封火墙对上方的声绕射也有一定的阻挡作用。

（4）由于封火墙具有明显的隔声作用，因此院内外声压级相差 8.4dB（A），院内与巷道口相差 19.6dB（A），天井内的"安静"与巷道及主街的"嘈杂"形成了鲜明的对比，通过声环境就能进行内与外的区分，反映了汉商喜繁忙的商业氛围和寻求休闲安逸的生活旨趣的双重文化属性。

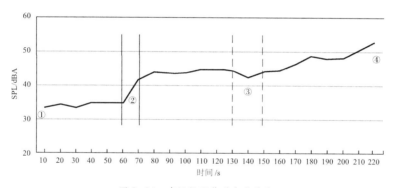

图 3-24　声压级沿巷道变化曲线

第 4 章　标志声景观与民族声音文化

标志声（marknotes）源于地标（landmark）一词，主要涉及那些独特的拥有受人关注的特别属性或在当时的社会群体中引人注意的社会声音。一旦标志性声音类型被确定，它就值得我们当代人去努力保护，因为正是标志声的存在，使得这个特定地域的环境氛围与众不同❶。具体来说，标志声是指与当地文化相关的、极具辨识度的特殊声音景观，声源主要是传统生活声场中的交谈声、叫卖声、音乐声、乐器声、劳动工具声等。贵州是一个典型的多民族地区，一方面，多元的人文环境和少数民族用音乐记录生活的习惯，自古便形成了"饭养身，歌养心"的传统，并传承了大量以声音为主体的传统礼仪集会和生产生活风俗，形成了极具民族特色、极易辨别的声音文化；另一方面，音乐、语言、诗词古歌等口传文化是这一地区少数民族最具代表性的文化形式，通过口传心授的方式讲述历史、传授居住与生产技术等。

4.1　与民俗文化相关的声音

民俗即民间风俗，是传统文化的重要组成部分，它见证了一个民族、地域或国度的历史，蕴含着巨大的保护价值。各个民族在相对封闭、分离的地理环境下形成了"大分散、小聚居"的生存现状，加上交通的障碍化形态，客观上孕育了相对独立且自成一体的原生态文化现状，不仅创造了"三里不同风，五里不同俗"的丰富的民俗活动氛围，也在民俗文化代代相传中增加了民族凝聚力。其中，当地的民俗类型十分丰富，包括劳动生产民俗、日常生活民俗、传统节日民俗、社会组织民俗、人生各阶段礼仪习俗以及精神领域的禁忌习俗等。

---

❶ SCHAFER R M. The soundscape—our sonic environment and the tuning of the world[M]. Rochester: Destiny Books，1977: 10.

按照民俗活动的一般分类方法，本书将当地的传统民俗归类为：物质生活类民俗、精神文化类民俗与社会交往类民俗。

4.1.1 物质生活类声音

主要指手工产品、农产品等生活必需品的材料加工和交易活动等产生的声音，如少数民族地区的传统集市❶，是贵州少数民族地区至今仍保留的贸易模式，当地人称为"赶场"，指定期聚集在某个地点进行手工艺品、农产品等生活必需品交易与交换的商业集会活动，一般 5 天或 7 天一场，上午 9 点至 10 点开始，下午 3 点至 4 点散场，从农产品、鸡鸭肉禽到银饰、服饰百货等一应俱全，少数民族少女更是精心打扮、盛装出席。"语音清软是黎峨，苗锦成时市上多；排草碗糖携篓卖，红楼儿女唤幺哥"就是对当时苗族集市的描述❷。由于山高路远，赶场的人需要早出晚归，走很远的山路，于是有了"荒店夜深闻犬吠，有人踏月赶场还"的描述❸。而在镇远和铜仁等汉商聚居的传统聚落中，受中原与江南等地区商业文化的影响，沿袭了前店后宅式开放街市模式。与赶场不同的是，街市每天都有，并有固定店铺和摊位。如铜仁中南门古城的主街上，两侧分布着数十家大大小小的商铺。在明清时期，这里除销售川黔一带各种土特产和省外工业品外，还开设有洋行、当铺、客栈等（图 4-1）。

图 4-1　汉族传统商业街区

❶ 李瑞岐．论群众文化与民俗艺术 [M]．贵阳：贵州民族出版社，1994．

❷ （民国）葛天乙，霍录勤．兴仁县补志·卷十四 [G]．

❸ （清）周作楫，朱德璲．贵阳府志·余编卷之十八 [G]．

商业文化的差异形成了截然不同的声景观。主导声都是由叫卖声和谈话声构成的，因此语言不同是二者的地域性与民族性差异最直接的反映。其次，各民族都有固定的商业模式，因此声源类型和在声场中的分布各有不同。如少数民族集市大多是临时性的，因此摊位的分布也是不固定的，故即便是同一个集市，声源和声场分布亦不固定，有较大的随机性；相比之下，汉族街市则采用固定的店铺模式，因此声场的声源构成与分布都较为稳定。

以西江千户苗寨赶集日声音场景为例。该集市位于苗寨山脚下联系寨门与村寨的主街上，街道长约百余米、宽约 10m，大多是家庭作坊式的店铺，即两层木板楼的下层为店铺，上层为店主一家人的居住空间。店铺前沿街摆放着瓜果蔬菜、衣料布匹等日常生活必需品。笔者从近寨门一端出发，沿着市集缓慢行进并进行了 soundwalk 测试，整个过程时长约 4 分半钟。从声纹曲线图中可以看出，声场总体变化较平稳，只是偶尔有汽车鸣笛声，因此声景给人的感受是热闹但并不吵闹。声源主要有人语声、店铺里的音乐声、操着苗语的苗族妇女高声交谈声、锣声、木鼓声、鸡叫声以及机动车声等（图 4-2）。

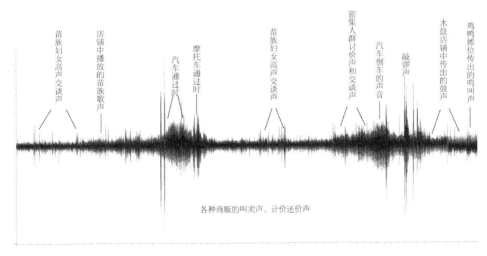

图 4-2　西江集市声景脉冲曲线示意图

1. 叫卖声
叫卖声是集市声景中最主要的声源，这一点与其他地区的集市声景并无差别。在欧洲，叫卖声早已吸引了很多作曲家的注意，并被广泛运用到许多音乐作品中，有的音乐中甚至还运用了出售不同种类商品或同一种类商品的不同兜售方式的叫卖声，如一首伊丽莎白女王时期创作的乐曲中，就引用了 13 种不同的鱼贩叫卖声、18 种不同的水货商叫卖声、6 种酒商叫卖声、11 种蔬菜商叫卖声、13 种服装贩叫卖声、14 种家用电器商叫卖声等❶。同时，这些声音也被欧洲的歌剧表演所采纳，成为舞台上不可缺少的背景声景，因此可以说，叫卖声是艺术中反映现实生活的最基本素材。此外，赶场中大多是上了年纪的苗族妇女，身着苗家盛装，头上缠着头巾，背着背篼，从周边村寨集聚到西江。他们乐此不疲地与商贩讨价还价，碰到熟人时也免不了停下来聊聊家常（图 4-3）。苗语音调极高，抑扬顿挫却又短促，其最突出的特点是尾音上扬且拖得很长，听起来像唱歌。

图 4-3　身着传统服饰赶场的苗族妇女

资料来源：源自网络，https://www.sohu.com/a/135204873_492044

2. 响器声

中国传统商贸活动中，响器通常被看作替代"叫卖声"的工具，代表着不同的贩卖内容，如老北京胡同里用各种响器代替着不同意义的"叫卖声"，如"唤头"表示剃头匠，"铁拍板"表示磨剪子戗菜刀，"虎撑子"表示游医郎中、卖药小贩，"冰盏"表示卖酸梅汤等冰镇饮料，梆子表示卖馄饨、汤圆、糖粥、

---

❶　BRIDGE F. The musical cries of London in shakespeare's time[J]. Proceedings of the Royal Musical Association，Vol，XLVI：13-20.

豆腐、油等，波浪鼓表示卖杂货❶。在传统聚落里，地势变化较大、空间复杂曲折，响器因声音较大、传播范围广、易辨别、省人力等特点，应用更为广泛。其中，锣是主要的响器之一，根据锣面大小发出不同的声音代表不同的用途。通过对两种规格的锣声进行对比分析，获得其声音特征的差异。

　　大锣声表示收购苗药，每次连续敲打两下，锣面发出"当当"声，由于铜锣锣面材料的阻尼很小❷，因此锣槌停止敲打后，锣面振动仍在继续，锣声清脆响亮，传播很远（图 4-4）。锣面振动产生的声音则逐渐衰减至 2 秒后声音消失（图 4-5）。

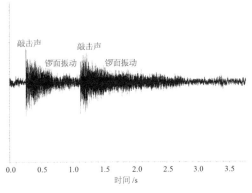

图 4-4　大锣声脉冲曲线示意图

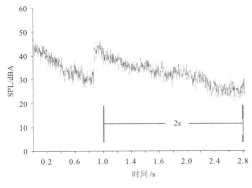

图 4-5　锣声声能变化示意图

❶　孟子厚，安翔，丁雪．声音生态的史料方法与北京的声音 [M]．北京：中国传媒大学出版社，2011：79-82.
❷　马大猷．声学手册 [M]．北京：科学出版社，2004：81，811.

从声纹曲线上看，锣槌碰到锣面瞬间发出的声音覆盖了整个频段，1/3 倍频程时，声压级从低频到高频逐渐递增，L_{Amax}=66.7dB（A）（图 4-6）。其中锣声在 1000Hz 时的变化趋势与全频段最接近（图 4-7）。

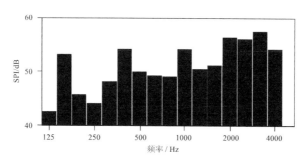

图 4-6　1/3 倍频程锣声频谱特征

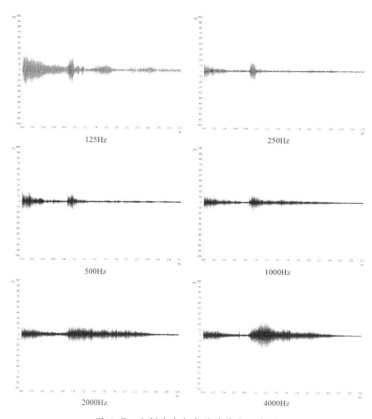

图 4-7　大锣声各频段脉冲曲线示意图

其中，锣槌敲打锣面时，250Hz 低频声和 500Hz 中频声最高。敲击停止后的一段时间内，主要是由锣面自身振动发声，此时以高频声 2000～4000Hz 为主，低频声很小且主要为环境噪声（图 4-8）。总之，由于大锣声发声原理的特殊性和频谱的复杂性，重音突出，极易辨别。

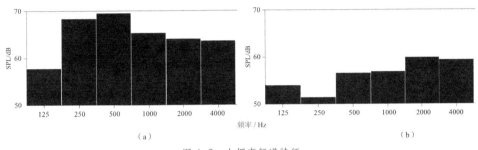

图 4-8 大锣声频谱特征

（a）敲击发声；（b）振动发声

小锣声则表示劁猪匠的叫卖声，就如同北方卖豆腐的商贩敲木鱼、收废品的商贩摇波浪鼓一样。劁猪是我国古代流传下来的可获得更高质量猪肉的兽医术，从事这一行业的多为男性。由于养猪是农村家庭经济收入的主要来源之一，因此劁猪自然也是一门谋生的好手艺。但自 20 世纪 70 年代集体猪场形成之后，出现了专业的兽医，于是走街串巷的劁猪匠也就逐渐减少了。但在贵州的传统村寨中依然保留着这种声音文化，也为声景观保护提供了更多资源（图 4-9）。小锣锣面较大锣锣面小，与大锣的发声原理相同，都是由木槌敲打声和锣面振动声组成

图 4-9 劁猪匠的小锣

（图 4-10），声音持续时间约为 2.0s（图 4-11）。声能在低频段分布很少，且都来自于环境噪声，主要是 500～4000Hz 的中高频声（图 4-12）。

声压级统计结果则显示，L_{Amax}=89.6dB（A），并且在 1000Hz 时最大（表 4-1）。

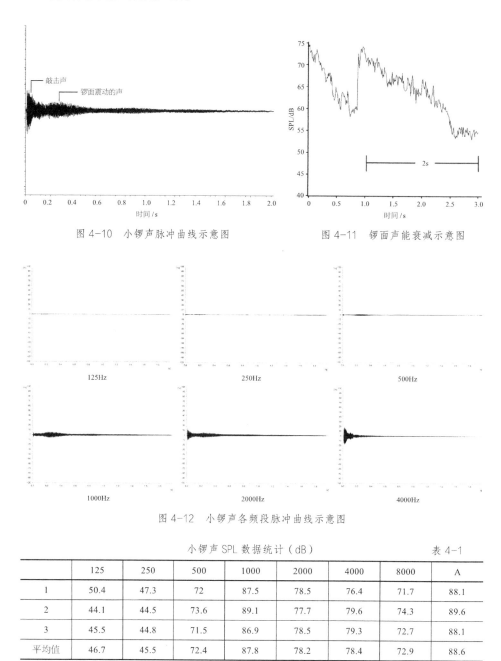

图 4-10　小锣声脉冲曲线示意图　　　　图 4-11　锣面声能衰减示意图

图 4-12　小锣声各频段脉冲曲线示意图

小锣声 SPL 数据统计（dB）　　　　　　　　　　表 4-1

	125	250	500	1000	2000	4000	8000	A
1	50.4	47.3	72	87.5	78.5	76.4	71.7	88.1
2	44.1	44.5	73.6	89.1	77.7	79.6	74.3	89.6
3	45.5	44.8	71.5	86.9	78.5	79.3	72.7	88.1
平均值	46.7	45.5	72.4	87.8	78.2	78.4	72.9	88.6

　　其中，锣槌敲打锣面的敲击声从低频到高频逐渐递增，而敲击停止后锣面的振动发声也基本只分布在 1 ~ 4000Hz 的中高频区（图 4-13）。

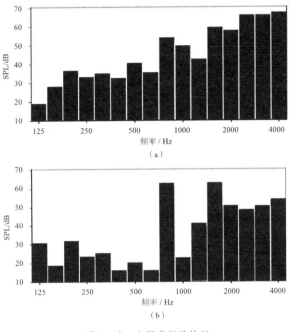

图 4-13　小锣声频谱特征

（a）敲击直达声；（b）锣面振动声

　　将两种锣面的声音进行对比可知，小锣声在低频区略小，而在中高频区明显高于大锣声，加上锣面较小，声音听起来要清脆响亮许多，故大锣声是"铛铛"的声响，而小锣声则是"叮叮"的声响（图 4-14）。

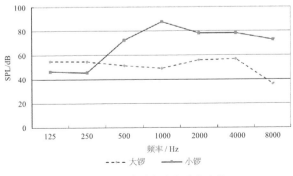

图 4-14　大锣声与小锣声的比较

4.1.2   精神文化类声音

主要指与民族精神世界相关的各类活动所产生的声音，如祭祀、丧葬等民间仪式中所包含的各种声音 ❶。中国自古便是礼仪之邦，仪式是面对这个神圣世界而规制的一些表达方式和准则 ❷。深居大山腹地的贵州人民世代传承着大量淳朴的民风及与之相关的器皿，包括各种繁琐的迎送客、婚嫁、丧葬、祭祀、祭神、驱鬼等仪式，令人有"在村寨一日穿越百年"的感受。尤其苗族这个备受迫害的民族，仪式不仅仅是强化群体联系和缓和矛盾的纽带，在族群的凝聚力受到威胁时，各种民众集体参与的神圣仪式可再次将族内成员团结起来 ❸；更是其民族众多隆重事件和情感的表现方式，如通过仪式抒发情愫、祈福、除灾甚至祛病。这些与精神需求相关的仪式大都在固定的场合和时间，按照固定的模式和程序，由特定的人物来执行。

以祭祀仪式为例，祭祀声景分为两种 ❹：

一种是由于祭祀时间固定，常与民族节日联系在一起，因此声景氛围亦是神圣并热烈的。如苗族的"鼓社祭"被认为是当地最隆重的祭祖仪式，一般 7 年或 13 年才举行一次，大多以牛为祭品，其目的在于祭祀祖先，吃牛活动则是为了祈求家族兴旺、五谷丰登、驱邪除病。"吃鼓藏"仪式中所运用的乐器类型与民族节日时的相同，包括：打击乐器——木鼓，法器——铜铃和竹鞭，以及吹奏乐器——芦笙和芒筒（图 4-15）。

另一种则是较原始的、单纯的祭祀活动，以烘托神秘气氛为主。由于长期固守在封闭狭小的生活空间里，故自古以来贵州各民族都有信奉原始巫教的传统，如《汉书·地理志》记载："楚人信巫鬼，重淫祀。"在巫教思想的长期侵蚀下，与楚人有同宗共祖关系的苗人，对巫鬼有着坚不可摧的崇拜情结和强烈的依赖情感，其心理和行为模式也因此长期受到巫术观念的支配。闭塞的自然环境与社会发展水平，使得这些巫教观念大多还处于意识水平比较低的自然崇

❶ 李瑞岐 . 论群众文化与民俗艺术 [M]. 贵阳：贵州民族出版社，1994.
❷ 曹本冶 . 中国传统民间仪式音乐研究（西南卷）[M]. 昆明：云南人民出版社，2003：2.
❸ 威廉·A·哈维兰 . 文化人类学 [M]. 瞿铁鹏，张钰，译 . 上海：上海社会科学院出版社，2003：403.
❹ 李黔滨，杨庭硕，唐文元 . 贵州民族民俗概览 [M]. 贵阳：贵州人民出版社，2006：305.

图 4-15　隆重盛大的苗族鼓社祭

资料来源：网络图片

拜和鬼神崇拜阶段，祭祀对象也多为自然物或自然现象，如祭山、祭树、祭风、祭雷电等。此时，芒筒和芦笙依然是最主要的乐器，活动场上不但要设祭坛、摆放祭品，鬼师的吟诵更是必不可少的，他们熟谙水书巫咒，口中喃喃自语，吟诵结合，有声腔却无固定音高，有节奏却无固定节拍，成为祭祀时最主要的声源 ❶。鬼师在其间还时常配合一些奇怪的动作，且跳且念，手持铜铃和禾苗不断摇晃，旨在营造神秘的声音氛围。以傩祭文化为例，这是一种流传于铜仁地区及其所辖松桃、德江、思南、印江等地汉人、侗人和土家人聚居区的古老而神秘的祭祀文化，是与雩祭、腊祭并列的中国三大祭式之一，如流行于思南侗族的"喜傩神"，以祭祀为主，杂以歌舞、傩戏。声景主要由响器构成，并分

---

❶　曹本治.中国传统民间仪式音乐研究（西南卷）[M].昆明：云南人民出版社，2003：528.

为乐器响器和法器响器两类。其中乐器主要有大锣、大鼓、钹、铛锣，法器则主要有用来制造特殊音响的牛角、司刀、令牌、拍板等。这些响器在傩仪中具有重要的象征意义，其发出的声音在仪式中的功能都是与神灵沟通，表达的是人神交流的情感，因此响器的声音中带有明显的神秘色彩。

4.1.3　社会交往类声音

主要指当地各民族的岁时节日活动以及婚嫁、成年礼等人生礼俗❶。以岁时节日为例，它主要指具有周期性特征的、在一定地域或文化中具有重要地位的、与某种风俗活动内容相关的约定俗成的特定时日，是民俗文化的重要组成部分。贵州各民族文化习俗不同，一年之内所过节日各具特色，但共同之处是数量较多，正如民谣所说："三里不同俗，五里不同风；大节三六九，小节天天有"，"十月苗民乐事忙，斗牛才罢启歌场；一翎鸡尾当头插，十部芦笙响未央"❷，形象地描绘出了苗人对各种民俗聚会的热衷。各少数民族具有极强的节日观念，除过汉族的传统节日外，苗族特有的节日有苗年、吃新节、姊妹节、牯藏节等，侗族有侗年、花炮节、赶社、斗牛节等，土家族有吃新节、牛王节、洗神节等。规模较小的节日限于相邻的几个小寨之间，较为盛大的节日如苗族的"四月八""苗年"，侗族的"侗年"等则涉及邻近的县、乡。每逢节日，全寨男女老少都会身着盛装，佩戴银饰，并会举行一些如斗牛、赛马、拔河、摔跤等体育活动和跳舞、乐器演奏、对歌等文艺活动，传统的民族服饰、虔诚的祭祀仪式、神秘的戏曲表演以及古朴的音乐舞蹈——呈现，热闹非凡。

同时，节日也是展示当地独特艺术形式的重要舞台，主要由歌舞、戏剧和民俗表演组成，音乐是声景的中心，声场中不仅充满了歌声，还少不了独特的乐器演奏声，如芦笙的鸣响、芒筒的附和、木叶的吹奏等，倪辂的《南昭野史》也有记载："每孟岁跳月，男吹芦笙，女振铃合唱，并肩舞蹈，终日不倦。"❸ 在黔东南地区的苗侗寨中，每逢节日，还在铜鼓坪中置一面铜鼓，由寨中年长的老者敲出模仿水牛的叫声。全寨男女老幼身着盛装,齐聚芦笙堂,围绕铜鼓转圈,

---

❶ 李瑞岐.论群众文化与民俗艺术 [M].贵阳:贵州民族出版社，1994.

❷ 杜荣春.贵州民族竹枝词的细节描写 [J].贵州社会科学，1989（6）: 52，64.

❸ （明）倪辂.南昭野史 [G].

男人在前，边走边吹奏芦笙，女人紧随其后，跟随着芦笙的节奏跳出轻快而有规律的舞步。

　　苗族的节庆活动一般会在铜鼓坪上举行，声景中除了人语声外，歌声、芦笙等民族乐器演奏声以及苗族女性身上的银饰声等都是最主要的声源。频谱研究发现，整个活动声场均匀分布在低、中、高三个频段，具有明显的声层次，声压级从低到高依次是银饰声、重音笙声、飞歌声、低音笙声、木叶声（图 4-16），以 40 ~ 80dB（A）为主，40 ~ 60dB（A）和 60 ~ 80dB（A）基本相同，20dB（A）以下分布很少（图 4-17）。

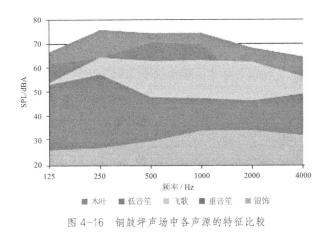

图 4-16　铜鼓坪声场中各声源的特征比较

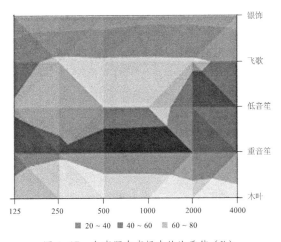

图 4-17　各声源在声场中的比重值（％）

1. 传统歌声

歌唱表演是当地节日中最必不可少的活动，是节日声景最必不可少的声源，是抒发情感、传承文化、讲述历史等口传文化的表现。如苗侗族是以歌为生的族群，在他们的文化中，"快乐"从来就是和"歌唱"联系在一起的，侗族还广泛流传着歌是神授之物的传说故事，因此歌声是他们除必要的经济生产外的全部，是生活的轴心，年老的教歌、年轻的练歌、年幼的学歌，代代相传。其中，侗乡常被冠以"诗的家乡，歌的海洋"，在侗乡人心中，多声部合唱表演、赛歌、男女对歌是节日中最重要的活动形式。旧《三江县志》中这样描述："侗人唱法尤有效……按组互和，以喉音佳者唱反音，众声低则独高之，以抑扬其音，殊为动听。"❶因此，侗歌又被誉为"清泉般闪光的音乐，掠过故梦边缘的旋律"。时而歌声娓娓，旋律优美；时而音调高亢，与大地共鸣。

苗族则以飞歌为代表，有"苗岭无处不飞歌"之风俗，黔东南一带的苗族同胞凡重要节日都要唱飞歌，歌声高亢激昂，具有强烈的感染力。飞歌声压级在73.2 ~ 85.1dB（A）之间，音调很高。虽然声能在各频段均有分布（图4-18），但由变化曲线可知，许多词句位于中高频声500 ~ 2000Hz频段之间，个别唱词在4000Hz，低频声很少且大都来自于环境中的风声和观众的喧哗声，说明苗族女声的音色特征是以中高音为主（图4-19）。

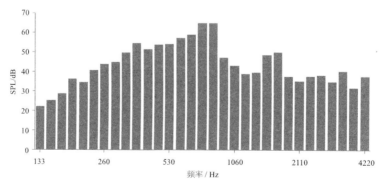

图4-18　1/6倍频程时苗族飞歌的频谱特征

---

❶（民国）魏任重修，娄玉笙纂.三江县志·卷二[G].

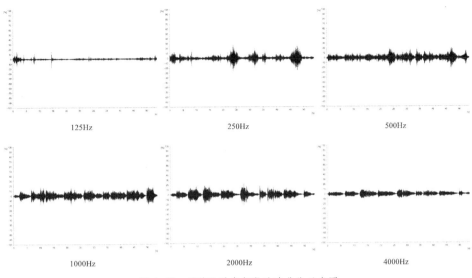

图 4-19　苗族飞歌各频段脉冲曲线示意图

　　此外，飞歌还具有明显的韵律特征。所谓韵律，指的是音乐的节奏规律，苗族飞歌的韵律特征是：每句都以高音调开头，句中音调平缓，尾音拖得很长且偶尔会将音调提高，并因此增加了声音的传播时长（图 4-20）。

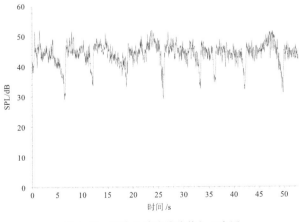

图 4-20　苗族飞歌的韵律特征示意图

2. 民族乐器声

乐器是民俗文化声景中最重要的组成，是一个民族审美意趣的象征。各民族利用竹枝、树叶等制作了许多声色独特、声音优美的打击乐器和簧管乐器。其中，打击乐以铜鼓和木鼓为代表。鼓在苗族文化中具有重要的地位，公开活动场被称为"铜鼓坪"，杀牛祭祀时必须敲铜鼓，每隔12年举行一次"鼓藏节"的仪式活动也是以"鼓"为

图 4-21　苗族的铜鼓
资料资源：网络图片

核心来进行的。其中，铜鼓为平面、中空、无底，面和身遍布花纹❶，每个苗族村寨或家族都有一面铜鼓，是民族节日或祭祀活动中最主要的乐器（图 4-21），并且可根据不同的场合敲出不同的鼓点，时而高亢激昂，时而低回婉转，时而热烈奔放，听者从中可感受到欢乐、激动、喜悦、哀怨以及悲伤的情调。木鼓以整木将中心掏空，两端蒙上牛皮做鼓面，苗族的木鼓必须选用枫树树干制作鼓身。每个侗族村寨都有一面或数面木鼓，其聚集以"木鼓"为单位、以"鼓社"为结构的族团，并且兼有关键时刻召众集会和报警的作用，亦是民族的神圣之物。

簧管乐是用竹管或木管制作而成的乐器，有的是在管上装上竹片或金属片作为发声器，有的则直接由吹奏者的气息在管内振动发声。簧管类乐器种类多样，由于其造型和发声原理的差异，音色也各具特色。以芦笙、芒筒等为代表，其声音粗犷低沉，与传统吹奏乐中笛、箫等宛转悠扬的声音截然不同。其中，芦笙是苗侗等少数民族在节日和祭祀等重要活动中必不可少的乐器，在民族文化中，芦笙的声音不仅是一种音乐，更是表达思想情感的工具。黔东南地区，芦笙为传统的锐角式六管型，并因笙管的高度差别分为了 5 类，高度越高音色越低（图 4-22、表 4-2）。

---

❶ 李黔滨，杨庭硕，唐文元. 贵州民族民俗概览 [M]. 贵阳：贵州人民出版社，2006：155-160.

图 4-22 不同高度的芦笙

芦笙的分类 表 4-2

类型	最高音笙	高音笙	重音笙	低音笙	倍低音笙
高度（cm）	7.2 ~ 14.5	14.5 ~ 30	30 ~ 58	58 ~ 105	105 ~ 210
民间称谓	五滴水	四滴水	三滴水	二滴水	一滴水

《芦笙祭词》唱到：没有地方定音，去到瀑布去听水：水声切切，做成一把"笙列"（高音芦笙）；水声啵啵，做成一把"笙俄"（中音芦笙）；水声哗哗，做成一把"仑马"（低音芦笙）；水声咚咚，做成一个"筒甫"放堂中（地筒笙）。笙管震天，筒笙撼地。天上不知以为雷鸣，地不知以为山崩❶。将芦笙的声音比喻为水声，体现了其音色的特点和所营造出的声景效果。芦笙的发声原理是由吹奏者向管内吹气冲击簧片，使笙管中的空气柱因受迫而振动形成声波❷。其中，重音笙的笙管较短且管数较多，重音突出且低沉；低音笙的笙管细长且管数较

❶ 张泽忠. 侗歌艺术传承研究 [M]. 北京：民族出版社，2010：63.
❷ 李丹甘. 芦笙发音的二次共鸣特点 [J]. 贵州大学学报（艺术版），2003（3）：14.

少，声音高亢嘹亮。通过重音笙和低音笙的比较可知，低音笙音域较宽，以低中频为主，而重音笙以低频声为主（图4-23），声压级则低音笙明显高于重音笙（图4-24）。

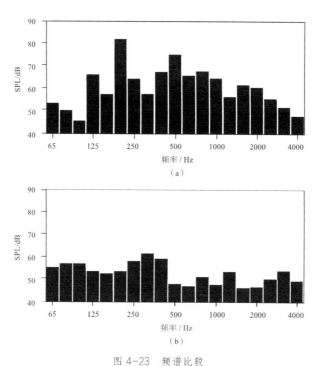

图 4-23　频谱比较

（a）低音笙；（b）重音笙

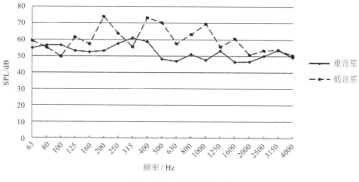

图 4-24　声压级比较

　　苗族吹奏乐器中还有一种较为特殊的古老乐器——木叶，即为满山遍野随手可摘的叶子，无管无簧。苗族常利用木叶声来交流情感。从频谱特征来看，声音以 250～1000Hz 中低频为主，高频略低（图 4-25）。但从声压级变化曲线来看，数值较高且变化平缓，声音起伏小，L_{Amax}=80.7dB（A），因此音色响亮明快（图 4-26），并受到苗族山歌的影响，常运用滑奏来模仿滑音唱腔。

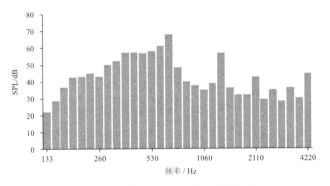

图 4-25　1/6 倍频程木叶声的频谱特征

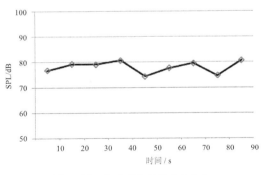

图 4-26　木叶声 A 声级变化曲线

3. 苗族银饰声

　　节日活动场上，跳芦笙舞、踩铜鼓是最热烈的内容，男女老少身体随音乐有节奏地摆动，身上的银饰相互碰撞发出清脆悦耳的声音，成为这个声场里最突出的声音。尤其在苗族文化中，妇女着盛装时必全身上下装饰以昂贵的银插花、银牛角、项圈、耳环、银铃、手镯等，因此是苗族最喜爱的传统饰物。1/3

倍频程时，苗族银饰声以高频声为主，尤其在 2500 ~ 3150Hz 之间，故听起来清脆嘹亮（图 4-27）。

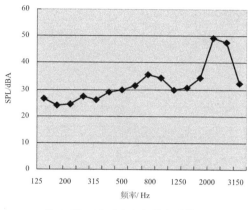

图 4-27 1/3 倍频程银饰频谱特征

4.2 与物质生产相关的声音

物质生产是一切文化生成与发展的基础与根源，尤其在中国这种以农耕为主的国度，任何时代、地域背景下产生的文化形态都与其生产活动相关。一种生产方式的确立是经历了漫长的文明创造和选择过程后，一代代积淀传承下来的，因此必然带有社会性、地域性、自然性和历史性的特征，尤其是以手工生产为主的劳动形式，其生产主体与技术和工具是不能分割的，并与当时社会的技术和社会发展密切关联。声音是由人类活动产生的，因此物质生产过程中产生的各类声音也是组成其生产文化的重要部分，是形成地域文化认同感和地方归属感的因素之一。

4.2.1 文化类型的辨析

每个民族都有其固有的物质生产文化，相应地产生了与之相关的工具和固有的场景。在平原地区，收割机等机械声是其农耕文明的体现；在草原地区，牛羊等牧群的叫声是其游牧文明的体现；在沿海地区，渔船的汽笛声、马达声以及涛声等是其渔业文明的体现❶。例如黔东南一带多为山地，相对独立与分割的地理结构塑造了"一山有四季，十里不同天"的自然环境层次，并形成了多种物质生产方式。其中，苗瑶族体现了山地文化的特征，即刀耕火种与自给自足的生产文化，侗族则以"稻、鱼、鸭"的稻作生产文化为特征。不论哪种物质生产方式产生的声音，都是其生产文化特有的具有极高辨识度的标志性声音，是多年生产实践所积累下来的苗侗等民族物质生产场景的真实反映，从侧面体现了各民族同胞适应环境的生产创造力，凝聚着深层的民族生产文化基因❷。

同样，居住文化的产生也与物质生产文化密切相关，如中国建筑史上游牧民族的毡包式建筑就是其游牧生产文化所衍生出的移动式居所。苗瑶等高山民族的耕种文化最显著的特点是：土地的肥力年限一般为 2~3 年，因此使用便携式的劳动生产工具并建造简陋的住房，以便随时丢荒而迁移至土地更肥沃的地区，形成了其祖先视住屋为临时性居住场所的居住文化。侗族的稻作文化则要求聚落选址于近水源的地势较高处，便于灌溉，又可防水患，加上水边建筑的防潮需求，于是形成了水稻种植文化与干阑式建筑理念的契合，固定的生产和生活活动半径，永久性的劳作工具和住房，形成了"鼓楼—水—聚落—稻田—山林"的永久性居住模式❸。相应地，两种不同的物质生产文化导致居住空间的不同，因此，即便声源相同，声景观亦有所不同，可以说，声景观是不同先验性居住文化的外显，生产声景、物质生产文化和居住文化相互影响与制约（图 4-28、图 4-29）。

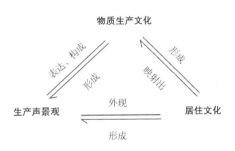

图 4-28　生产声景观与物质生产及居住文化的关系示意

❶　SHIM H, SONG H, NAM G B, et, al. Soundscape design for the memorial space with seaside view[C]. ICA, 2004: 213-214.

❷　MCGINLEY R. Stockholm sound sanctuaries: a public sound art project[C]. Twelfth International Congress on Sound and Vibration, 2005.

❸　黄涤明. 黔贵文化 [M]. 沈阳: 辽宁教育出版社, 1998: 7.

图 4-29　传统物质生产场景

4.2.2　生产工具的声音

自古以来，由于交通极不便利，各种生活用品和物资十分匮乏，加上各民族对于生活用具、衣食起居的传统，因此，从吃的粮食到穿的布料衣服以及家具住房，全部都由当地人亲手生产和制造，于是家庭生产便成了当地人最重要的劳作方式。男女分工明确：男人承担劈柴、晾晒粮食、打糍粑、建造房屋等体力生产，如劳动歌《拉山耶》描述的就是男人拉大木的场景，整首歌音调低沉、辞藻粗糙，反复地使用了象声词"嘿确"；妇女负责织布、染布、绣花等精细生产，余秋雨先生就曾这样描述侗家女子劳作时的声景：河岸边有洗衣裳的妇女，咚咚地敲打衣服，让人联想到"长安一片月，万户捣衣声"，古榕树下三三两两地坐着刺绣的侗家女子，寨中还不时地传来歌声 ❶。本书以几种最为常见的生产工具为例，解析发声原理和频谱等特征。

1. 木制风谷机

风谷机是稻作生产文化最重要的农具，木结构，主要用来清除谷物中较轻的杂质，一般长约 2m，高约 1.6m，一个巨大的圆形风筒为主要的动力装置，劳动者通过摇动风筒木轴上的摇把，转动扇叶来带动整个工具的运转。风车顶部装有一个漏斗，下方斜槽将剔除杂物的谷子漏出。风车尾部还有个正方形的出风口，糠和不饱满的谷粒便从这里随风吹出（图 4-30）。其发声由三部分组成，

---

❶　喻帆. 解读贵州：余秋雨黔东南纪行 [M]. 贵阳：贵州人民出版社，2008：141.

即摇把摇动时轴承碰撞发声、扇叶转动时发声和工作时机体晃动与地面碰撞发声。传统的风谷机为木结构，中空的内部结构使得声音在机体内随着扇叶所产生的气流不断扩散与反射。声音以低频区为最高，几乎没有高频声（图4-31）。

图 4-30　木制风谷机

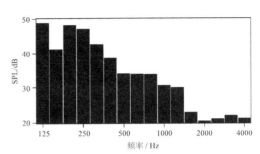

图 4-31　风谷机频谱特征

2. 卧式织布机

　　历史上备受压迫的苗族人由于选址于深山之中，生活物资匮乏，衣食住行都要靠自己的双手去创造，加上苗族女性爱美的天性，于是便流传下来许多精湛的刺绣和纺织技艺。家家户户都有织布机，这也是数百年来苗族传统社会生活的一个重要缩影，是苗族物质生产文化的重要标志之一。关于织布场景的描述在古文献中早有记载。清代舒位在《黔苗竹枝词》中写道："纤锦簇簇花有痕，织布缕缕家无裤；月中织布日中市，织锦不如织布温。"❶它描绘的即是深山遥夜，机杼轧轧的场景。张澍在《黔苗竹枝词》中所载"鬟绾长簪

图 4-32　苗族传统卧式织布机

---

❶　杨昌文. 从《竹枝词》看苗乡风情 [J]. 贵州民族研究，1989（1）：157-163.

耳大环，机声夜夜出柴关"❶，描述了黑苗女子夜间纺织的景象。

这类卧式织布机一般由卷经轴、卷布轴、提综木鸟、机床、架臂等部件构成（图4-32）。织布时踩动蹑板并牵动着木鸟每上下运动一次，梭子在线中间水平穿插一次，如此反复，织出精美布匹。声音由几部分组成：穿梭子发声、踩蹑板发声以及拉动木鸟发声（图4-33、图4-34）。其中，声压级以拉动木鸟时最大，穿梭子时最小。此外，因织布机常放置在吊脚楼二楼，拉动木鸟会与木楼板因碰撞而振动发声。

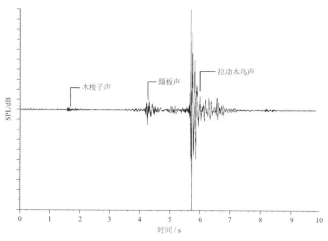

图 4-33　织布机工作时脉冲曲线示意图

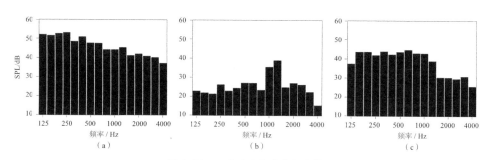

图 4-34　三种声音频谱特征比较

（a）牵动木鸟的声音；（b）穿木梭子的声音；（c）踩动蹑板的声音

---

❶ （清）张澍. 养素堂诗卷·卷三 [G].

3. 木槽与糍粑

打糍粑是贵州各民族，尤其是土家族人过年前的一项重要活动，是当地少数民族年文化的重要组成部分。民国时期《人文纪实》中有记载："糯糍粑，系糯米饭在石臼中杵如泥，压成团形，形如圆月。"打糍粑需要力气，多由壮年男子负责，两人面对面站着，将蒸熟揉好的糯米团放在特制的糟里，用木槌敲打数遍。每次木槌敲打的同时，会使木槽与地面发生碰撞，声音叠加后 L_A=82.5dB（表4-3）。根据其过程，可将声音分为两部分：用力敲打时木槌碰撞木槽发声，重音突出，声能分布均匀，以低中频声居多；翻糯米时是木槌敲击发声，声音低沉，以低频声为主（图4-35）。

打糍粑声的声压级统计（dB）　　　　　　　　　　　　　　表 4-3

	125	250	500	1000	2000	4000	8000	A
1	76.7	77.1	79.3	84.2	78.4	66.6	66.5	83.3
2	76.0	75.6	77.7	82.8	75.0	62.8	62.9	81.3
3	75.3	74.9	77.5	85.0	75.3	63.6	59.7	82.9
平均值	76.0	75.9	78.2	84.0	76.2	64.3	63.0	82.5

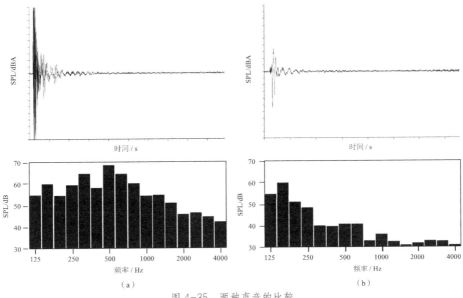

（a）　　　　　　　　　　　　　　（b）

图 4-35　两种声音的比较

（a）敲打糍粑发声；（b）翻糍粑发声

4.3　音乐与语言中的声景观

狭义的音乐是指有旋律的动听声音，但在声景概念提出之后，音乐的界域也扩展到了"音声环境"的范围之中 ❶，即由音乐构成的声景，音乐是永久记录过去声音的最好形式，不同时代和文化的音乐，其声音和节奏亦有所不同。

语言作为人类交流和表达情感最重要的工具，会因不同的情感需求而形成不同的"语言环境"，即由语言构成的声景。诗词则是运用有节奏的语言，形象生动地反映和记录着历史场景。

音乐和语言在贵州少数民族文化中具有重要的功能性作用。首先，音乐风格和语言腔调是当地人推断"我群"与"他群"的重要标识，这种辨别功能不仅存在于民族间，也明显地存在于民族内部不同地域的群落之间。如相互毗邻的苗族村寨间，由于文化的固守和隔离，音乐"老死不相往来"，故音乐风格多样化清晰地体现出了苗族支系的复杂程度。其次，苗、侗等主要少数民族都没有自己的文字，口传心授成了文化传承的唯一方式，音乐往往超越了单纯注重音调旋律的歌曲，他们注重的是歌词的主旨和精神含义，并期望通过歌唱的形式将民族的习俗文化传播给子孙后代，诗词、传说亦是如此。其中口传唱词是当地的民间文学体裁，腔调则受到民间曲调的影响，因此，形式较随意。此外，歌在当地少数民族族群里的职能是无限的，不仅谈情说爱、神灵祭祀、节日集会、婚丧活动中需要不同风格的音乐，在侗族文化中，歌还是劝解、议事的特殊方式，村寨里的许多问题都会在歌声里消融。正是由于音乐和语言的重要功能作用以及地域与民族间的差异，使得大量历史性的、类型丰富的声景得以保留下来。

4.3.1　唱腔曲调与韵味

韵味是唱腔的一个重要美学特征，是指通过演唱者的演唱技巧来营造不同的声乐语境美感，并与乐曲音调相结合而形成声音的空间氛围和意境，即由唱腔曲调所营造出的声景观。中国历史上，这类声景的特征常与社会局面相关，如井然有序的背景下氛围是平和快乐的，动荡的背景下氛围是兴奋激烈的，哀

---

❶　吴凡. 侗族音乐 [M]. 北京：中国文联出版社，2008：1.

败的背景下则是多愁善感的。除此之外，还与文化氛围有关，唱腔曲调的韵味主要是由民族特征所决定的，它们集各自民族的文化特征以及浓郁的乡土气息于一体，但声景的共同特征是原生态性，即不作任何修饰，是当地人民在生产生活实践中自然的感情流露。

众所周知，声景的构成往往是十分复杂的，故简单的语言描述无法完成对声环境的复制，但却能够通过音乐模拟出这种空间氛围，并且通过音乐还能创造出理想的声景模型。当地音乐类型很多，所构成的声景观亦不同，如苗族"飞歌"气势恢宏、热情奔放，旋律起伏大，高亢激昂；苗族"游方歌"委婉悠扬，如行云流水，表达了苗族男女青年对爱情的倾诉，抒发爱慕、思念之情；侗族"大歌"曲调庄严，和声粗犷奔放，象征着动人、坚强、豪迈的性格；"祭祀歌"柔和凄楚；侗族"哭歌"悲凉伤感；"劝世歌"则曲调娓娓，颇为感人；"玩山歌"是侗族男女在野外无拘无束抒发情怀的对唱歌曲，因此唱腔、曲调都比较自由，声景氛围激越且奔放等。以上形形色色的声景氛围中，既有对真实生活的模仿，也有对美好生活与幻想的创造。

在众多歌唱类型中，侗族大歌唱腔、曲调的韵味、意境最为丰富。这首先在于它的演唱形式：多声部的原始和声结构，不同音调、不同年龄的声音重叠在一起，形成了立体的声音层次。其次，大歌的音乐旋律起伏有致，在中低音音域的紧凑节奏中还时常会突然迸发出高音的激情，给人以豁然开朗的韵味感受。模拟鸟叫虫鸣、高山流水之音也是大歌创作的一大特点，是其产生的自然根源，按照不同声部，时而模仿鸟叫蝉鸣——清脆明快，时而模仿江河奔流——高亢嘹亮，时而又模仿山谷回响——低沉悠扬，使听者仿佛置身于诗情画意的自然意境之中❶。尤其是"蝉歌"的模仿与比拟手法运用得十分娴熟。侗族音乐艺术讲究的是韵律和修辞，声乐部分，低声部宛如大自然中的潺潺流水声、叮咚泉水声，高声部则是对鸟叫蝉鸣声的拟人化模仿，唱词部分则生动形象地用鸟叫声、流水声、蝉鸣声来比拟人的内心感情，演唱时一领众和，经侗人这一极具韵味、惟妙惟肖的模仿演唱，营造出了逼真的自然声空间意境❷。

❶ 李田清.侗歌之乡——小黄 [M]// 全国政协暨湖南、贵州、广西、湖北政协文史资料委员会.侗族百年实录.北京：中国文史出版社，2000：125.
❷ 吴凡.侗族音乐 [M].北京：中国文联出版社，2008：30.

侗族的笛子歌和木叶歌也以"自然无为"为美，追求心灵与自然的和谐融合，充满着浪漫的气韵。其中笛子歌节奏快慢有序，歌声徐缓抒情，唱词中融合了听觉与视觉相结合的双重感受——听觉上，"咿呀喂""伦练练""滑溜溜"等人格化地模拟了大自然的和声；视觉上，笛声如薄雾"飘在木楼旁""山岭摆舞""在山间飘荡"等。这些直白的表述给人以直觉想象，为男女间的爱恋营造出了山水间的韵味意境。木叶歌也有异曲同工之妙，用"曰曰"的衬音来模仿风声、鸟声、流水声，创造了浪漫轻松的声景氛围❶。

相比之下，仪式音乐的声景就是以渲染神秘紧张的氛围为主。在以往的研究中，相关学者通常关注的是仪式的历史性、社会性、宗教性等问题，事实上，传统仪式从头到尾都是由戏剧化的叙述、吟诵、乐器、法器等组成的，利用诵、咒及呼喊等声音的强弱变化、模拟等手段来营造特定氛围，增强传统仪式的灵验性❷。如苗族吃鼓藏仪式中，贯穿着诸多音乐形式，吟诵曲即有节奏的吟诵结合，却又无固定节拍，唱腔上无固定高音；还有请神和酬神时都要唱的巫歌，这种说与唱相结合的形式更加简单直白，并强调念白与旋律口语化。不论是哪种唱腔曲调，其主要目的都是为了让参与者从中感受到在与神沟通时的庄重的声环境氛围。此外，由于音乐贯穿于整个仪式的过程中，有时也被看作仪式声景的环境背景声，如作为民间准宗教的土家族傩堂戏，其仪式中注重的是祭祀过程的行为表达，音乐只是一种辅助性的象征手段，为了烘托神秘的气氛，因此也可以说，音乐决定了仪式声景的环境氛围特征。

4.3.2　方言与语境

一个地域或民族最具标志性的声音即语言，这是因为：一方面，以区域为单位时人的密集度最高，因此由语言所构成的声景观数量和范围都是最具标志性的；另一方面，由于不同地域或文化背景下的语言常常千差万别，因此语言也是形成地方或民族认同感最重要的因素。语言作为与人类活动关系最为密切的声音，包含着大量与生产、生活相关的文化信息，其发音特点与所在的自然

❶ 张泽忠. 侗歌艺术传承研究 [M]. 北京：民族出版社，2010：275.
❷ 曹本冶. 中国民间仪式音乐研究——华北、西南、华东增补合卷 [M]. 北京：文化艺术出版社，2011：13-15.

与文化空间密切相关,如中原地区的方言高亢奔放,江南平原的吴侬软语婉转柔美,高原地区的方言粗犷有力等。

贵州是一个多元文化并存的省份,"方言到处亦殊途,楚些吴侬各异呼;若问黔娃声孰近,语音清脆似成都"❶,反映出了语言五方杂陈的特点。与湖南东北部邻近的铜仁等地方言与湘语相近;与广西毗邻的东南部黔东南州榕江、从江等地与广西方言相近;铜仁还有部分地区与重庆相邻,因此语言又与川音相近。此外,由于地域间或民族间的文化隔离,语言方面也存在地域差异和民族差异。如苗语属汉藏语系苗瑶语族苗语支,语言分为三大方言区、七个次方言区、十八种土语❷。其中,黔东南苗族侗族自治州次方言区属于黔东方言区,而位于黔东北,隶属铜仁的松桃苗族自治县次方言区则属湘西方言区,铜仁地区的土家族则属土家族南部方言区。故在同一地域内常会同时使用好几种方言,正如毛贵铭在《西垣黔苗竹枝词》中所记载:"古州四十五寨屯,苗家六百余户存,半是汉音半苗乐,弦歌月夜满前村。"❸张国华在咏镇远府竹枝词中也写道:"拨动管弦歌笑处,几方语音一楼人。"❹由语言所构成的声景观亦可称为"语境",即语言环境。声调等是形成人语声差异的最重要因素,而频谱、声压级等则是语言差异的物理学表现。

1. 声调分析

与其他声音研究一样,我们也可以用频谱来描述语言的物理特性,以往的研究中已发现,各种语言和方言的差别可能很大,但平均频谱相差不多❺。因此,方言声景最直接、最明显的影响因素应该是声调,就是语音声音的基频随时间而升降的变化。语言学家研究得出,男声基频平均约为 100 ~ 300Hz,女声基频平均约为 160 ~ 400Hz❻,即女人的音高高于男人。有研究发现,苗语方言最显著的特征是唇齿浊擦音 v 最多,有 6 ~ 8 个不同的声调(1 ~ 8 度的调号分别

---

❶ (清)赵旭,赵彝凭.桐梓者旧诗前集、后集·卷八 [G].

❷ 曹本冶.中国传统民间仪式音乐研究(西南卷)[M].昆明:云南人民出版社,2003:504.

❸ (清)毛贵铭.西垣黔苗竹枝词·1 卷本 [G].清光绪刻本.

❹ 龙尚学.张国华的《贵州竹枝词》[J].贵州文史丛刊,1982(04):150-156.

❺ 马大猷.声学手册 [M].北京:科学出版社,2004:529-531.

❻ 同上。

是 b、x、d、l、t、s、k、f）。侗语显著的语言特征是调类、调值异常丰富，其中调值是指声调的变化形式，如升降、曲直或长短。侗语共有 15 个声调，其调值也与黔东南州的许多方言有相似之处❶。相比于只有 4 个声调（阴平、阳平、上声、去声）的汉语语境，苗、侗族的语境则显得更加丰富，更有韵律。当地汉语方言基本特征的形象概括是"夹苗夹侗"，尤其是西部地区为苗疆腹地，浓郁的苗语苗音影响了当地汉语方言的声调，如用"五度标记法"（1 度——最低音；2 度——半低音；3 度——中音；4 度——半高音；5 度——高音）来分析几个地区苗语、汉语的声调，会发现当地汉语方言的调值与苗语十分相似❷（图 4-36）。

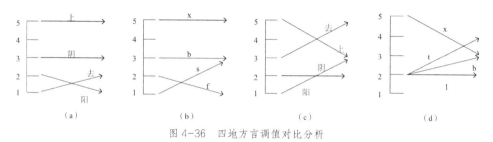

图 4-36 四地方言调值对比分析

（a）凯里汉语调值；（b）开怀苗语调值；（c）台江汉语调值；（d）革东苗语调值

资料资源：黔东南州地方志办公室编. 黔东南方言志——黔东南苗族侗族地区汉语方言调查研究 [M].

成都：四川出版集团巴蜀书社，2007：251-252.

与此同时，许多少数民族也在学习汉语，但民族的语言习惯使他们在使用汉语时平调调值偏低，而且调域跨度较小，故没有汉语那般抑扬顿挫的感觉。他们习惯降低调值讲话，如汉语中阴平 55、阳平 35，高度都是 5，而凯里、雷山一带方言阴平 33、阳平 31，镇远一带方言阴平 23、阳平 21，此时的语境较低沉，高低音不明确，缺乏跌宕起伏的感觉❸。

❶ 金美. 黔东南苗语侗语对汉语语音的影响 [J]. 贵州民族研究，1998（1）：95-103.

❷ 黔东南州地方志办公室. 黔东南方言志——黔东南苗族侗族地区汉语方言调查研究 [M]. 成都：四川出版集团巴蜀书社，2007：251-252.

❸ 黔东南州地方志办公室编. 黔东南方言志——黔东南苗族侗族地区汉语方言调查研究 [M]. 成都：四川出版集团巴蜀书社，2007：251-252.

2. 频谱比较

频谱是语言声学研究中描述方言特征的另一主要指标，苗、侗、汉等民族的方言在频谱上存在着明显的差别。通过比较发现(图4-37)，汉语方言在低、中、高三个频段分布均匀，高频略高于低、中频，各频段中声压级最大为43.7dB，最小为36.8dB，只相差6.9dB。黔东南苗族的语言频谱特征则呈抛物线状分布，即中频最高，低频次之，高频最低，并且各频段中声压级最大为46.6dB，最小为28.9dB，相差17.7dB，因此听起来比汉语更加抑扬顿挫，重音突出。

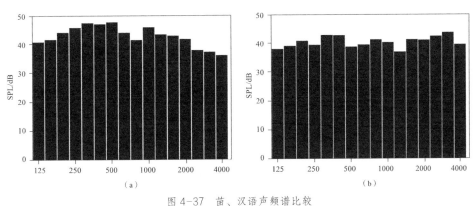

图 4-37　苗、汉语声频谱比较

(a)苗语东部方言；(b)黔东南汉语方言

3. 乐语特征

所谓乐语，即声乐语言，是音乐化了的语言或歌唱性的语言，其句式结构富于节奏感，平仄押韵均有韵律感❶，贵州少数民族的方言就具备了这些特点。侗族没有自己的民族文字，故采用口述的方式传承历史和文化。之前也提到，侗语是由15个声调组成的，是世界上声调最多的语言之一❷，因此获得了"美妙的民族语言"的美誉，其语言本身就带有歌的节奏和韵律，而且每个音节都有声调，从而使侗语的韵律丰富而多彩。同样，苗语与侗语具有相同的传递文

---

❶ 孟子厚，安翔，丁雪. 声音生态的史料方法与北京的声音 [M]. 北京:中国传媒大学出版社，2011: 89.

❷ 黔东南州地方志办公室. 黔东南方言志——黔东南苗族侗族地区汉语方言研究 [M]. 成都:四川出版集团巴蜀书社，2007: 9-10.

化的功能，并由 6 ~ 8 个声调构成 ❶，因此也具有歌曲的韵律感。此外，苗侗语声调、调值丰富也可能与民族的音乐文化有关。通过将苗族的女性语言、男性语言与歌声进行比较得出，三种声音各频段分布基本相同，证明苗族语言与音乐的特征相似，因此具有"乐语"的特征（图 4-38）。

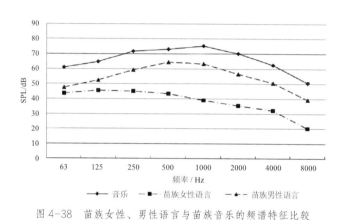

图 4-38　苗族女性、男性语言与苗族音乐的频谱特征比较

4.3.3　象声词与语境

苗、侗等民族语言和唱词中都有使用象声词的习惯，因此使语境更加生动、形象。如侗族声音歌主要是用声音来模仿自然界的鸟叫虫鸣声和自然流水声等，歌词很短，由虚词、衬词加上模拟各种大自然声音的象声词组成，生动悦耳。其中，《蝉歌》用"呦吉嘛呦吉嘛吉呦吉呦……""吉嘛呦吉嘛呦吉呦吉呦呦……"等象声词模仿蝉的鸣叫声，在主观感情与蝉声的奇妙融合之中营造男女之间的爱恋氛围。关于各种侗族乐器的声音，"侗款"中也用了许多象声词："山涧之水声呦呦，取架大号笙叫哥乐；山涧之水声耶耶，取架小号笙叫切列；山涧之水声盈盈，取架倒盖筒大号。"其中的"呦呦""耶耶"和"盈盈"等象声词分别形容的是"大号笙""小号笙"和"倒盖筒大号"的取音定调 ❷。

苗族的象声词更加丰富，有大量以象声词命名的活动或物品，如：客人来到

---

❶　李锦平 . 苗族语言与文学 [M]. 贵阳：贵州民族出版社，2002.

❷　吴凡 . 侗族音乐 [M]. 北京：中国文联出版社，2008：52.

寨子里要喝 biang-dang 酒，实际上就是当地的米酒，biang-dang 是象声词，形容喝多了酒后醉倒摔跟头的声音；在荔波一带的苗族中有一种形状似瓢的民间拉弦乐器，名曰"古瓢琴"，据说是从黔南传入的，苗语称之为 ang-ang，模仿的就是这种琴的声音；居住在湘、黔、桂交界处的黎平、锦屏、天柱一带的花衣苗还延续着一种多声部合唱的演唱形式，当地称之为"歌蠚"，其中"蠚"就是象声词。此外，苗族日常用语和歌词中象声词的使用频率很高，如当地人的使用习惯是用状语直接修饰动词或动名结构来表示动作的声音❶，如放枪 tax-tax（枪声啪啪的象声词），雷声 diul-liul diul-liul（雷声隆隆的象声词）、吸气 hongl-hail hongl-hail（呼哧呼哧吸气声的象声词）、说话 gab-lab gab-lab（哇啦哇啦说话声的象声词）等。类似的用法在苗语中还有很多，几乎每个与声音有关的动词后面都会用象声词来形容其声响。

总之，象声词比起汉语要更加形象和丰富，显示了古老民族语言的实用性大于形式的特点，就如中国最古老的甲骨文一样。正是通过运用这些简单的、通俗易懂的象声词，创造了丰富的语境，使得不懂苗侗语的人也能理解其想要表达的情感与内容。

4.4　史料文献中的声景观

史料文献是我们了解没有录音录像时代的声音及其文化的重要途径，并且较声源的频谱、声压级等物理特征而言，声景观的场域文化特征更易于从文字中获得，除地方志和民族志等历史资料外，语言文学作品也是信息获取的主要来源。众多语言文学作品中，清代竹枝词在贵州当地影响力最大，作为下里巴人的文化，竹枝词真实地记录了各民族的生存方式和独特的风俗人情，如生产劳动、婚嫁丧礼、信仰崇拜、男女装饰、音乐舞蹈、饮食起居等，重现了清代贵州城乡社会的生活场景。竹枝词还有一个重要的意义，即以诗补志，是地方志的采录史料，但其所记载的内容却远胜于同时期的地方志或民族志，其中也不乏对贵州民族的生产生活声景观的记述，弥补了地方志或民族志中的缺陷。

---

❶ 张永祥. 苗语与古汉语特殊语句比较研究 [M]. 北京：中央民族大学出版社，2005：3.

另外，还有许多关于历史上苗侗等民族的节日声景、生产生活声景的诗词杂记。总而言之，这些珍贵的文字资料都以民族最主要的活动为题材，除运用描述手法，或逼真，或比喻，或拟人，真实还原历史场景，具有历史价值外，还利用语言文字营造出了以声音为主体的环境氛围即声景观，这是因为声音在当地具有不可替代的物质与非物质功能，因此，读者从中能真切地感受到历史场景与特征，获得身临其境的感受❶。

4.4.1　传统民俗的声景描写

在现存历史文献与语言文学中，有大量关于苗侗民族民俗活动的描述，这源于这两个民族民俗活动的重要性与丰富性特征。如关于"跳月"的文字记载，在地方志和竹枝词等诗词杂记中频繁出现。"跳月"是在初春月明之夜或中秋之夜，未婚青年男女野外载歌载舞地择偶的一种传统方式，是苗侗等少数民族比较隆重的民俗活动，因此有大量细致逼真的文字记录。如明代《嘉靖图经》中记载，苗族"男女未婚者每岁三、四月聚于场圃间，中立一竿，环绕跳跃……歌唱"❷。这解释了"跳月"这个名称的由来。清代刘韫良曾在《牂牁苗族杂咏》中记录："干栏春色晓迟迟，跳月场开上巳时；云外歌声花外貌，惹人哀怨动人思。"❸ "春色"指出了跳月的季节特征，"云外歌声""惹人哀恸"则描绘了歌声所营造出的优美动听、富有情感的声景氛围。

吹芦笙和摇铃是"跳月"活动重要的组成部分，如《黔书》上卷载："男编竹为芦笙,吹之前面；女振铃继于后以为节,并肩舞蹈,回翔婉转,终日不倦。"❹ 田雯在《相见坡蛮谣》其四中载："唇下芦鸣月下跳,摇铃一对女妖娆。"❺ 竹枝词中也有很多相关记载，如毛贵铭在《西垣黔苗竹枝词》就有这样的描述："蜡花锦袖摇铁铃，月场芦笙侧耳听；芦笙宛转作情语，铃儿心事最玲珑。"❻ 颜嗣

❶　罗义群. 苗族民间诗歌 [M]. 成都：电子科技大学出版社，2008：4.
❷　雷承光. 论审美观照下的苗族《跳月》文化 [J]. 大众文艺（理论），2009（15）：223-224.
❸　（清）刘韫良. 牂牁苗族杂咏·1卷本 [G]. 民国手抄本.
❹　田雯编. 罗书勤等点校. 黔书·续黔书·黔语 [M]. 贵阳：贵州人民出版社，1992：20.
❺　张银娜. 田雯研究 [D]. 兰州大学，2007.
❻　（清）毛贵铭. 西垣黔苗竹枝词·1卷本 [G]. 清光绪刻本.

徽的《牂牁竹枝词》中载："女吹芦笙舞婆娑，郎吹芦笙舞且歌。"❶ 田榕在《黔苗竹枝词》中说道："芦笙吹彻响铃催，花簇球场趁月开。"❷ 张澍在《黔苗竹枝词》中描绘："蜡绩花衣锦袖裳，振铃跳月斗新妆。"❸ 这些记载把青年男女围绕花树，男子吹奏芦笙、女子手持摇铃，移动着欢快的脚步随歌起舞的声景氛围进行了逼真的刻画。

此外，清代李宗昉曾经在《黔记》中记录："车寨苗在孤舟……未婚者，于旷野月场，男弦女歌最清美。"❹ 其中"男弦女歌"指出，在榕江侗族跳月时，主要声源是男子弹拨的弦鸣乐器声和女人轻声哼唱歌谣的声音。余上泗在《蛮峒竹枝词》中记载的关于黎平古州苗寨跳月的诗句："月场弦歌闹纷纷，摇曳歌声向国云"❺，也指出了当地的主要声源是"弦歌"。嘉庆《黄平州志》载"黄平苗族跳月时，吹笙间以山歌木叶"❻，说明在黄平的跳月活动中，主要的声源除了吹芦笙、唱山歌外，还有吹奏木叶的声音。通过以上这些诗词杂记的描写可知，"跳月"在不同历史时期、不同地区具有不同的声景结构。

4.4.2　侗人歌乐的声景描写

前文已提到歌乐在侗族文化中具有重要的作用，许多文人墨客也对侗人的歌乐场景进行了记载。宋代诗人陆游写道："辰、沅、靖州蛮有仡伶（侗族）……农隙时至一二百人为曹，手相握而歌，数人吹笙在前导之。"❼ 它描绘的是农闲时侗人歌乐，吹奏芦笙者在前、手拉着手歌唱者紧随其后的场景。清代《秀庵记》载："（侗人）前者唱于（即吁）而随者唱喁，联袂而歌，于焉喁如，众乐皆作，八音备举，合村中，无一非能鸣者焉，彼天地间亦可尝有寂寞耶。"❽ 明朝诗人邝露在其杂记《赤雅》（上卷）中作过如下记载："侗赤僚

❶ 杨昌文 . 从《竹枝词》看苗乡风情 [J]. 贵州民族研究，1989（1）: 157-163.

❷ （清）田榕 . 碧山堂诗钞·卷末附录 [G].

❸ （清）张澍 . 养素堂诗集·卷三 [G].

❹ 田联韬 . 侗族的歌唱习俗与多声部民歌 [J]. 中央音乐学院学报，1992（3）: 49-54.

❺ （清）邹汉勋，黄宅中 . 大定府志·卷五十八 [G].

❻ 王兴骥 . 播州土司辖境少数民族研究 [J]. 贵州社会科学，2014（1）: 104-111.

❼ （宋）陆游 . 老学庵笔记·卷四 [G].

❽ 杨鹍国 . 侗族大歌浅议 [J]. 贵州民族研究，1988（3）: 49-51.

类，不喜杀，善音乐；弹胡琴，吹六管，长歌闭目，顿首摇足，为混沌舞。"❶
其中的"胡琴""六管"即指现代侗族琵琶和芦笙，"长歌"即指侗族大歌，"闭
目""顿首""摇足"表达了侗人享受音乐声景所带来的美好感受，描述了数百
年前侗族大歌演唱的场景。《靖州直隶州志》（道光版卷十一）中也记有："侗每
于正月内，男女成群，吹芦笙各寨游戏。彼此往来，宰牲款待，曰跳歌堂，一
曰皆歌。中秋节，男女相邀成集，赛芦笙，声震山谷"❷，描述了正月和中秋节
侗寨内赛芦笙的场景，"声震山谷"形容此时声景效果影响之大等。以上这些
古诗词杂记对侗族人喜歌乐，闲暇时举办各种与之相关的活动，从声音到人的
表情动作，直至整个声场效果都作了细致的刻画，用文字鲜活地塑造了侗人歌
乐的声景观。

4.4.3　生活习俗的声景描写

竹枝词等民间诗词杂记记录的最重要的内容是地方的生活场景。如清代乾
隆年间诗人舒位在《黔苗竹枝词》中载"长腰鼓敲老虎市，今年稻香满椎塘"❸，
描述了赶集时的场景，即少数民族以寅日为市，集市上击长腰鼓为乐。在苗族
作家龙绍纳所写的《村居杂兴》中有这样的诗句："暂放斗牛寻乐趣，闲携笼鸟
听啼声"，指出当地人在农忙的闲暇时分以"斗牛""笼鸟"为乐❹。其中，牛是
当地最主要的劳动力，苗族还将牛看作祖先加以崇拜，因此斗牛通常是最重大
的竞技活动之一。余上泗在《蛮峒竹枝词》中载："短裙穿袖替难周，三五成群
野饭牛；忽听山湾铜鼓响，一齐叉手上岩头。"❺它描绘的是斗牛时盛大热闹的
场景，"铜鼓响"作为发令声成为这一声场的标志声景观。

赛龙舟活动也是比较隆重的竞技活动。龙舟赛在镇远具有悠久的历史，如
乾隆时期修编的《镇远府志》中就有咏镇远龙舟赛的诗句："鸣锣急响在船头，

---

❶　蔡丽红 .《百夷传》《南昭野史》《赤雅》中的少数民族歌舞 [J]. 乐府新声（沈阳音乐学院学报），2007
（3）：126-129.

❷　吴凡编著 . 侗族音乐 [M]. 中国文联出版社，2008：52.

❸　（清）舒位 . 瓶水斋诗别集·卷二 [G].

❹　张新民，李红毅 . 贵州地域文化研究论丛（二）[M]. 四川出版集团巴蜀书社，2008：188.

❺　（清）邹汉勋，黄宅中 . 大定府志·卷五十八 [G].

划桨争行较劣优；独有游人听不得,翻身直上玉皇楼。"❶其中"鸣锣急响""听不得"等意为赛龙舟时锣声急响,给游人以信号,听到声音的游人迫不及待地想登到高处,可看得更清楚。其中还记载:"苗人于五月二十五日亦作龙舟戏……是日男女极其粉饰,女人富者盛装锦衣,项圈、大耳环,与男子好看者答话,唱歌酬和……"它讲述了龙舟日男女盛装出席、以歌相会的热闹场面……"万家灯火倚城隈,翠拥南天叠嶂开,半岭飞泉征旱涝,高峰矗汉隐云雷,时观竞渡龙翔麓。"清代贵州诗人张国华在咏镇远府的竹枝词中写道:"端阳河里戏龙舟,锣鼓声喧岩上游;竟日传歌歌不辍,题诗人上玉皇楼。"❷"锣鼓声喧""竟日传歌"也是对镇远龙舟赛声景观的声源构成的表述。铜仁的龙舟赛也很隆重,如明万历三十八年所著诗《五日江宗楼观竞渡得寒韵》中提到:"千门垂艾纫芳兰,箫鼓中流共笑欢……烟横古渡双江喧,波撼崇崖五月寒。"❸其中的"箫鼓声""双江喧""万人看"刻画出了铜仁赛龙舟以箫声和鼓声为号令,万人倚栏观看,人声鼎沸、声震两岸的场景。张国华也曾写竹枝词歌咏铜仁府的龙舟赛,"铜仁端午泛龙舟,男女欢声两岸边;掷鸭盈波人竞捉,管弦声动夕阳天",直接描绘出了铜仁端午龙舟赛的声景构成——"男女欢笑声"和"管弦声"以及声景特征——分布在"两岸边"、"声动夕阳天"。

此外,苗侗等民族热情好客并喜饮酒,《村居杂兴》有诗句写道:"宴客高歌忘五更",即描绘了当地宴请宾客时要互相对歌到天明的习俗。《黔苗竹枝词》中的:"酒啐芦竿疑翠杓,米和牲骨胜侯鲭;行头要得欢情浃,铿鞳一声铜鼓鸣"❹以及余上泗《蛮峒竹枝词》所载"唤将牛角频酾酒,解向尊前唱鹧鸪"❺,都反映出了当地人迎接贵客时吹芦笙、敲铜鼓、唱敬酒歌的习俗和声景景象。

4.4.4 丧葬祭祀的声景描写

贵州至今仍保留着大量原始信仰文化,如鼓社祭、萨满祭等,仪式通常比

❶ (清)蔡宗建,龚传绅.镇远府志·卷九[G].
❷ 龚正英.张国华及其《禹甸吟编》[J].贵州文史丛刊,1999(04):77-81.
❸ (明)刘观光.五日江宗楼观竞渡得寒韵[G].
❹ 彭福荣,张世友.乌江流域竹枝词民俗内涵审视[J].黑龙江民族丛刊,2008(02):173-178.
❺ (清)邹汉勋,黄宅中.大定县志·卷二十一[G].

较隆重。鼓声是祭祀声景中最具标志性的声音，一方面由于中低频声衰减时间较长，另一方面也是由鼓声的识别性所决定的。詹管在《白泥竹枝词》中所载"金鼓迎神响若雷，远村未至近村催"❶，即说明祭祀时以"响若雷"的金鼓声来迎神，作为祭祀声景中的标志性声音。舒位在《黔苗竹枝词》中咏铜仁红苗的诗歌"织就斑丝不赠人，调来铜鼓赛山神"❷，也说明了这一点。《黔苗竹枝词》中还描写了苗族祭白号的习俗："山塍高下接青黄，今岁丰收是涤场；便要椎牛祭白号，万山箫鼓闹斜阳。"❸祭白号即祭白虎，并用"箫鼓"来营造祭祀场所氛围。土家族人信奉傩神，祭傩神的仪式也十分隆重，和傩戏有几分相似，即以击鼓、唱歌的形式来表达对傩神的敬仰与崇拜。张澍在《黔苗竹枝词》中载："送得山魈迎五显，大家齐上竹王城。"作者注："岁首迎山魈，逐村屯以为傩，装饰如社，击鼓以唱神歌，所至之家，饮食之，九月祀五显神，远近咸集，吹匏笙连枷，宛转顿足，歌舞至莫而欤。""匏笙"即"笙"，表明祭祀时以鼓声、芦笙声和歌声来配合祭神舞。

此外，当地人还特别重视对死亡族群的祭拜，因此丧葬仪式也常有鼓声、芦笙声和歌声相伴。张澍在《黔苗竹枝词》中记载"芦笙吹得叫乌乌，作戛场中妇哭去"❹，描述的即是夫死妇陪葬的凄惨场景，此时，芦笙的声音被比喻成妇女的"乌乌"哭声，渗透着妇女将被迫陪葬的悲凉。但陪葬的习俗只存在于小部分聚落中，大部分时候丧葬并不一定要营造悲痛的声景氛围，恰恰相反，鼓声和歌声不绝于耳，这一点在竹枝词中也有所体现。如梁玉绳在《黔苗词》中所载"临丧作戛舞婆娑，调鼓声喧发浩歌"❺就是对丧葬场景的描述。其中，"作戛"将牛作为祭祀陪葬品，是苗族最重要的丧葬祭祀仪式；"浩歌"意为放声高歌、大声歌唱，用喧天的鼓和歌声结合婆娑的舞蹈来祭奠故人的离去。张澍的《黔苗竹枝词》中所载"鼕鼕调鼓舞匆匆"❻也勾画出了苗族人以击鼓和跳舞送葬的场景。

❶　（清）汤鉴盈 . 余庆县志 [G].

❷　（清）舒位 . 瓶水斋诗别集·卷二 [G].

❸　同上。

❹　（清）张澍 . 养素堂诗集·卷三 [G].

❺　（清）梁玉绳 . 清白士集·蜕稿 [G].

❻　同❹。

第 5 章　信号声景观与族群社会文化

信号声亦称提示音或者情报音，是利用声音信号所具有的听觉作用来引起人的注意，由此产生的具有特殊信息含义的声景即所谓的信号声。它常被看作前景声，是与基调声完全相对的声音，其产生的目的就是希望能引起听者的注意，因此，信号声通常会被有意识地听到 ❶。对于心理学家而言，它们只是一些信号图形而已，而在声景研究中，由于信号声通常被输入了大量精确的信息代码，并通过复杂的方式传播给那些能够读懂它的人，因此具有社会导向的作用。信号声既可以由单一声源构成，如狗叫声被看作最早的信号声，其他的如钟声、哨声、号声以及汽笛声等则大多情况下与人文社会活动密切相关；亦可以由一个复杂的声环境所构成，大到一个城市主要集会中心的声景，小到一个聚落中心广场的声景，在特定情境下，与一定范围内各种声源所形成的声景观能起到吸引听者注意的作用，亦可看作信号声。虽然各种信号声存在的空间与时间不同，在含义上存在着显著的地域与文化差异，但其具有的社会功能和价值是共通的。贵州民族文化中对防御性和群体性的需求，使得信号声兼有警示作用和聚集作用。其中，单一信号声源主要是火药枪声和木鼓声，承载信号声的空间则大多与观演功能结合在一起，如苗族的铜鼓坪，侗族的鼓楼及其广场、侗戏台，汉族、土家族的傩戏台等，大都在当地文化中担负着承办集体活动的实际功能，并蕴含着丰富而独特的文化和历史含义，因此包含着特殊的声学技术和声音文化需求。

5.1 "防御性" 声源

在贵州的大部分民族文化中，"防御性" 是从古至今贯穿其社会结构的主线。

---

❶ SCHAFER R M. The soundscape—our sonic environment and the tuning of the world[M]. Rochester: Destiny Books，1977：10.

汉族有其固有的防御机制，即建造高大厚重的城墙与荒蛮的少数民族隔离。相对于少数民族的"防御性"隔离文化，汉族更多地表现为向内有严格的宗族观念，而向外则是强势的文化渗透。少数民族的"防御性"文化特征则更加突出，如作为"山地的移民"或"山区迁移者"的苗族，"防御"是其族群意识最直接的体现，这与族群历史密不可分。据史书记载，苗族发源于黄河地区，后因屡次战败而逐渐向西南迁移至此，澳大利亚民族学家格迪斯在《山地的移民》一书中将苗族与犹太族并称为"世界上最苦难深重且顽强不屈的民族❶"，故形成了以强调群体空间的"防御性"来实现对族群保护的居住模式。如在村落空间的建构秩序中，崇高尚险是核心，通过隐蔽的选址、较高的地势、复杂的聚落内部交通组织等达到防御的建构目的。而这种"过分"强调空间防御性的社会文化形态在声景中亦有所体现。

具有警示作用的信号声对于长期处于险恶社会环境之中苗、侗族人来说，其现实的作用和意义尤为突出，既能随时警示危险的来临，又能用作一个族群传播信息的工具，还能唤起人们对某种特定历史时代和景观的回忆或警惕。传说当地许多乐器的制作初衷也是为了召集战争中失散的群众，又不引起敌人的注意，以利再战，由此可知，传统乐器声也兼有了信号声的作用。其中，最具有民族性特征的信号声源是苗侗族的鼓声，而最独一无二的信号声源是岜沙苗人的枪声。

5.1.1 木鼓的声音文化及特征

"鼓"是苗、侗族文化的重要组成。木鼓声作为当地苗侗族人最熟悉的声音，是族群精神的象征，并能唤起族人们对过去或美好或悲伤的回忆，提醒人们不要放松，警惕随时还可能发生的危险，而这种防御性的意识源自于祖先留下的各种苦难故事和歌唱。

1. 苗族四面鼓

苗族以鼓作为其文化的图腾和祖先的象征，通常以"鼓社"为宗族单位，同一个族源的团体称为一个宗族，即一个宗族为一个大鼓社，一个大宗族又分

❶ 龙击洲. 黔东苗族风情与口头文学 [J]. 贵州民族研究，1988：174-186.

为许多族支，即分社 ❶。几乎每个家族都有一对属于自己的木鼓，因此又被称为"祖鼓"，常作为村寨或家族的号令之物，这也是木鼓在贵州少数民族文化中的一种特殊民俗功能。

　　在苗语中，木鼓被称为"格斗"，也称竹龙，鼓身是将楠木或枫木挖空制成，呈直筒形，鼓身长 1 ～ 2m，直径约 50cm，两端鼓面蒙以牛皮，并用竹篾箍紧而成。研究以现流行于铜仁市松桃县正大乡苗王城的四面花鼓为例，因鼓由四面构成而得名，又称"八音协奏"，寓意四季平安。四面鼓通常平置于高约 1.5m 的鼓梁上，两人甚至多人同时击打牛皮鼓面和木质鼓身（图 5-1）。

　　发源于正大乡瓦窑村的四面鼓敲奏分两个步骤：先连续敲鼓面，再连续敲鼓身。由频谱分析可知，牛皮鼓面的声音以低、中频声为主，声压级略高这是由于牛皮鼓面受到打击后引起振动，鼓身内空气随之振动，加上木鼓的固有频率与牛皮鼓面振动频率相近，故引起共振而使木鼓声低沉浑厚；木质鼓身的声音以中频声为主，这也是由木材本身的孔隙率对声音的传播作用所决定的（图 5-2、图 5-3）。

图 5-1　苗族四面鼓

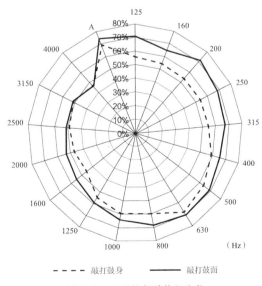

图 5-2　四面鼓频谱特征比较

- - - - - 敲打鼓身　——— 敲打鼓面

---

❶　陈正府. 反排"说"舞——一个苗族鼓舞的解读和叙述论文 [D]. 北京：中央民族大学，2007：30.

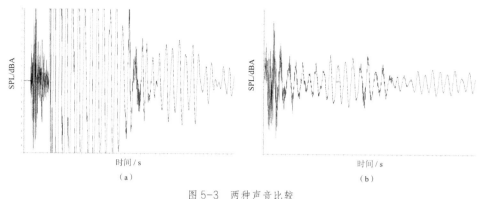

图 5-3　两种声音比较

（a）敲打鼓面声；（b）敲打鼓身声图

2. 侗族牛皮鼓

《说文解字·鼓》中记载："鼓，郭也，春分之音。万物郭皮甲而出，故谓之鼓。"鼓在古代文化中是吉祥的象征，苗、侗族文化中亦是如此，如门窗、地面铺装、柱础等许多构件都用鼓作为装饰题材以寄予美好的期望。侗族文化中，鼓是神圣之物，故将其放置于鼓楼顶部，在侗寨中作为报信、传递信息的工具，其造型为两端鼓面蒙上牛皮，鼓身由数尺至丈余桐木掏空而成的长方形细腰木鼓，侗族人也称之为"款鼓"或"寨鼓"。牛皮木鼓发出的声音是侗族地区最具代表性的信号声，其作用是关键时刻召众集会和报警，即利用鼓点的缓急强弱来表示不同的信号信息，固有"击鼓三通"之说。

关于侗族的木鼓，在侗族文化中也有极其严格的制度。其一，通常情况下任何人都不能敲击木鼓，只有侗寨中拥有着最高权威的寨老或由他指定的人才能敲击。但即使是寨老，如需传人集合议事，也只能鸣锣喊寨，而不能随意击鼓。其二，鼓声是侗寨中不可违抗的命令，一旦鼓声响起，人人必须迅速应声而至，否则将受到惩罚。清代李宗昉在《黔记》中载："凡有不平之事，即登楼击之，各寨相闻，俱带长镖利刃，齐至楼下，听寨长判之，有事之家，备牛待之。如无事击鼓及有事击鼓不到者，罚牛一只，以充公有。"❶它记述了侗族木鼓的规章制度与惩罚措施。

---

❶ （清）李宗昉. 黔记·卷三 [G].

　　侗族文化也对不同鼓点节奏所蕴含的信息进行了明确的规定，而且在一定区域内是统一的，侗人会根据节奏变化所代表的号令信号来辨别事件信息。如平时议事时，鼓声是"咚—咚咚"三声；遇兵匪骚乱劫掠时，则先重击一声，然后连续敲击，并具有明确的指向性特征；当有火灾险情发生时，鼓点声密集，有间隔地敲打，打一阵停一下，并由击鼓者高喊指出火灾发生的具体位置，此时人的喊话声中所包含的明确信号取代了鼓声的指向性；如有贵宾到或集会等，则是悠长舒展的慢鼓点。总而言之，侗族木鼓声中传递的是其民族独特的信息、情感节奏与语言，侗民们人人都可以从鼓声中听出是吉是祸、是喜是悲，通过鼓与鼓间的声音接力，信号声一寨传一寨，信息通过鼓点会被很快传到深山远寨，证明了木鼓声景信号功能的重要性。

　　在当今的侗寨中，只有在重大节日或议事时才会敲击侗鼓，但仍不可忽视其在族群中的重要作用，每个人还都能准确地分辨出木鼓声所蕴含的不同意义，并会将关于侗鼓的所有传说、习俗世代相传下去。

5.1.2　火药枪的声音文化及特征

　　文学中所有关于枪声的记录都跟战争有关系，因此通常被看作特殊历史时期声景文化的标志。由于历史的原因，苗族人世代沿袭了极致的防御性族群意识，加上生产狩猎的需要，苗人研制了火药枪来应对深山中的猛兽与其他族群的侵袭以及撵山打猎之用。因此，火药枪成为苗族男子为抵御外来入侵而随身携带的武器，它强调的是一种户外精神，而火药枪声也自然地成了苗族聚落中最独特的信号声。

　　以往研究已对同样具有狩猎和报警功能的号声进行了剖析，如简短的号声，其含义是刺激猎手或是发出警告，或是寻求帮助，或是模拟狩猎时的环境声等；较长的号声则是表达愉快情绪的一种特殊信号❶。枪声本身就具有明显的警示作用。直至今日，岜沙苗寨凡年满 14 岁的男子依然可以合法持有一把火药枪，这也是中国境内的最后一个枪手部落（图 5-4）。

---

❶　SCHAFER R M. The soundscape—our sonic environment and the tuning of the world[M]. Rochester: Destiny Books，1977: 10.

在岜沙,枪是族群的信仰和精神图腾,是男子力量与勇气的象征,枪不离身。最初的火药枪是为了打猎防身,枪声的信号含义是有猎物出现,给人们以获取食物的期待;后来,火药枪是为了对付外来的敌人,因此枪声的信号含义是警示危险的靠近;到今天,火药枪又兼有"礼炮"的功能,向天鸣枪被看作岜沙苗寨最尊贵的迎客礼,并提示寨民有贵客到来。枪声 L_{Amax}=94.6dB(A),并且声能在低频略高,高频略低,但总体差别不大(图5-5)。

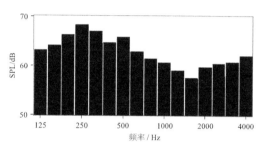

图 5-4 岜沙苗寨的自制火药枪   图 5-5 枪声频谱特征

总之,枪声和木鼓声都以中、低频声为主,就人耳敏感度而言,高频声更能及时引起听者的感知,但由于高频声随距离变化的衰减速度很快(每传播10m 衰减 6dB),并且受障碍物的干扰也很大,因此就开阔的传统村落中的警示作用而言,中、低频声的传播距离和声音的持久性更胜。其中,枪瞬间发出低频爆破声能达到声音的长距离传播效果,木鼓因发出连续的中低频声、衰减缓慢并对障碍物有良好的穿透效果,而使声音持续时间更长。

5.2 "群体性"声景

"群体性"是贵州包括汉族、苗族、侗族等在内的所有民族共同文化特质,"大杂居,小聚居"就是其最显著的表现。如汉族人沿城市主要河流和道路建立了以商业集散为主的聚落或城镇,规模较大;苗族形成了选址于半山腰或山顶的群居聚落,受土地承载力的限制,一般规模较小;侗族临水而居于山谷间坪坝地区,一般沿河流呈带状布局形态。不论是哪种群居模式,都受到一种核心文化机制的支配作用，因此结构稳定并世代相传。其中，汉族是以家族为纽带所形成的群体性文化，宗族的长幼尊卑有序地反映在传统院落结构中，即以中轴线和不同方位作为氏族地位的象征，这与其他地区的汉族基本一致。相比之下，苗侗民族"群体性"的核心则更具有典型性和文化独特性。

5.2.1　苗族鼓社制的象征——铜鼓坪

　　苗族自古以来一直遵循着鼓社文化支配下所形成的"群体性"生活文化，而这种群体性源自于其核心信仰体系中的"巫鬼文化"。一方面，苗族以鼓作为其文化的图腾和祖先的象征，因此，"鼓社"是苗族"群体性"族群组织结构的重要体现，铜鼓坪则是"鼓社文化"的直接产物。另一方面，"巫鬼"支配着苗人的精神世界和行为模式，影响到生活的方方面面，并且这些"鬼"也是以群体面貌出现的 ❶，在社会组织结构中则表现出强烈的群体意识。这种"群体性"在村落空间结构上则表现为：沿用至今的"大杂居，小聚居"的群居村落结构，可追溯到三苗国战败时苗人先民向西部和西南部的群体性逃亡迁徙 ❷；群体空间布局的内向型结构，即以族脉系统为核心，围绕"寨老"居所抱团群居；祭祀时，苗人围绕铜鼓逆时针方向舞动，象征着以鼓社为血缘单位的族群结构在空间场域中的扩展 ❸，也体现出苗族同侗族一样，保持着以鼓来区分氏族、以祭祀为基本结构的原始群体社会体系；建造了专门用于"群体性活动"、表达"群体性"文化的族内公共活动空间。中国古代除宫殿和坛庙等官式建筑外，基本没有公共建筑或专门用于公共集会的空间场所，而像苗人这样，建造了专门的公共空间用于族人集体活动的民族，大都是以"群体主义"为基本的社会组织结构，如以"合款制"为族群组织结构的侗族。群体意识赋予了苗族村寨公共活动空间的场所精神，并形成了多维度的社会组织模式。铜鼓坪作为苗族最重要的活动空间，其公共属性以及苗人在其上的活动特点是其"群体性"特征的反映，即通过一系列活动，形成苗人共同的群体行为模式，建立以铜鼓坪为核心的族群情感认同。

❶ 彭娜娜，吴秋林 . 苗族文化的群体性研究 [J]. 贵州民族研究，2017（12）：47-52.
❷ 张应和 . 苗族的恋爱习俗及其群体意识 [J]. 民族研究，2016（3）：65-68.
❸ 汤诗旷 . 族群与个体：苗族公共空间和住居单元中的集体观念 [J]. 新建筑，2018（5）：23-28.

1. 铜鼓坪的文化特征

铜鼓坪又叫芦笙场，苗语称为"阿达略"，是苗家人节日集会的主要场所，平时可作为晾晒谷物的场地。其名称由来之一是场地地面由青石块或鹅卵石铺砌成人字形或鱼形图案，苗族文化中称之为"鱼骨头"，这缘于鱼是苗族生殖崇拜的对象❶，并模仿铜鼓鼓面呈同心圆放射状，形如一面巨大铜鼓的鼓面；另一原因是在坪坝中央插一牛角形"铜鼓柱"，用来悬挂铜鼓，逢年过节时，苗家男女老少齐聚于此，绕着铜鼓舞蹈歌唱，称为"踩铜鼓"，"铜鼓坪"也因此得名。几乎每个具有一定规模的苗寨都有铜鼓坪，小的村寨则几寨共用。例如雷山朗德上寨的"铜鼓坪"，是节日聚会、迎接客人、演出的主要场所，是全寨的中心（图 5-6）。场地三面有建筑环绕，以牛角柱为中心，地面模仿铜鼓鼓面的纹饰用卵石铺设成十二道太阳光芒图案的同心圆形，每道光芒、每道圈晕都由"鱼骨头"装饰而成。

图 5-6　朗德上寨寨中铜鼓坪

2. 朗德下寨铜鼓坪声场特征分析

本书以朗德下寨铜鼓坪为例进行了测试，用拍手声作为测试时的声源，但由于拍手时手掌间本身所产生的混响影响，加上目前尚无相应的针对室外观演声场的国内外标准，因此这些声学数据仅为了客观描述其声场特征，并不能以

---

❶　高介华. 中国西南地域建筑文化 [M]. 武汉：湖北教育出版社，2003：17.

此作为评价其声质量的标准 ❶。朗德下寨，当地称为"下朗德"，因与朗德上寨分别位于欧兑河的上下游流域而得名，是位于黔东南雷山县的苗族古村寨。全寨建筑均为木结构的吊脚楼，依山脊北面，面向省道炉榕公路而建，山脊南面、村寨背面的欧兑河绕寨脚流过。现有铜鼓坪位于寨中半山腰，从公路旁的寨门到铜鼓坪要登上 100 多级石台阶，是在原有基础上扩建的，它将苗族文化中的"鱼文化""鼓文化"融为一体，用细鹅卵石和青石仿铜鼓鼓面的光芒、圈晕等图案铺设地面，北面建有半圆形的长廊并设"美人靠"，南面沿小山坡用青石块砌成了石台阶作为观众席，每级台阶高度在 45cm 左右，坡顶为该寨的护寨树——一棵粗壮茂密的枫树（图 5-7）。

图 5-7　朗德下寨铜鼓坪

　　测试时声源始终位于铜鼓坪正中心，分别从声源向石台阶方向距声源约 3m 处、6m 处以及石台阶第二级、第十级和第十七级小平台等设置了 5 个测试点，每个点分别测三次并求平均值（表 5-1）。将各点各频段早期声能衰减时间 EDT、T_{20} 以及 T_{30} 进行对比，结果显示：约 3m 处 EDT 和 T_{20} 变化最为平缓，时间也最短；约 6m 处 EDT 大于约 3m 处；台阶上各点 EDT 在各频段分布没有规律；距声源约 3m 处 T_{30} 仍是最小，距声源约 6m 处 T_{30} 虽在 0.45s 左右，但各频段变化是均匀的；台阶上三个测试点的混响时间数值都较大（图 5-8）。

❶　KANG J. Modelling the acoustic environment in city streets[C]. Proceedings of the PLEA，Cambridge，UK.

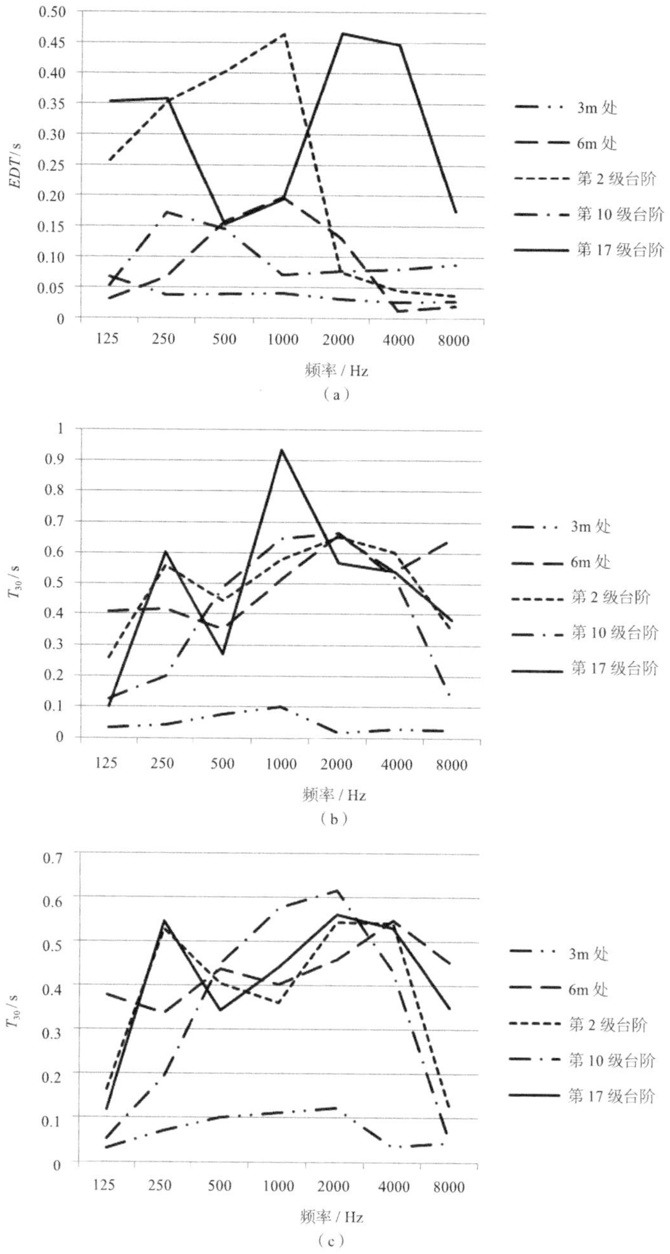

图 5-8　朗德下寨铜鼓坪声场分析

（a）各测点早期声能衰减时间（*EDT*）比较；（b）各测点混响时间 T_{20} 比较；

（c）各点混响时间 T_{30} 对比曲线

朗德下寨铜鼓坪声场测试结果统计（s）　　　　　表 5-1

指标	地点	125	250	500	1000	2000	4000	8000
EDT	约 3m 处	0.067	0.038	0.040	0.041	0.032	0.027	0.029
	约 6m 处	0.031	0.068	0.158	0.198	0.131	0.013	0.020
	第 2 级台阶	0.259	0.353	0.403	0.465	0.076	0.045	0.038
	第 10 级台阶	0.754	0.972	0.445	0.070	0.077	0.080	0.088
	第 17 级台阶	0.354	0.359	0.154	0.194	0.466	0.448	0.176
T_{20}	约 3m 处	0.034	0.041	0.076	0.102	0.016	0.029	0.027
	约 6m 处	0.409	0.416	0.352	0.513	0.658	0.540	0.645
	第 2 级台阶	0.260	0.560	0.445	0.579	0.653	0.604	0.349
	第 10 级台阶	0.127	0.200	0.489	0.645	0.665	0.523	0.127
	第 17 级台阶	0.102	0.604	0.271	0.934	0.567	0.541	0.382
T_{30}	约 3m 处	0.031	0.07	0.102	0.111	0.123	0.037	0.045
	约 6m 处	0.379	0.337	0.436	0.403	0.459	0.548	0.453
	第 2 级台阶	0.164	0.527	0.405	0.362	0.543	0.540	0.126
	第 10 级台阶	0.054	0.193	0.449	0.575	0.615	0.433	0.054
	第 17 级台阶	0.119	0.545	0.343	0.441	0.561	0.530	0.351

总体看，从距离声源约 3m 处直到台阶第 17 层，EDT、T_{20} 和 T_{30} 数值明显增大。其中，在铜鼓坪上距离声源约 3m 处基本没有混响效果，从约 6m 处开始，混响效果较明显，尤其是看台上各点 RT 数值都较高，其反射声来自于坪坝的石材地面和石台阶。混响时间较短，声音清晰度较高；混响时间较长，则音乐的清晰度较低，但丰满度较高。朗德下寨铜鼓坪的设计与建造完全是出于苗族人传统的建造习惯，却也得到了较为丰满的声学效果。

5.2.2　侗款合款制的象征——鼓楼

一个完整的侗族村落由三部分构成：①建筑：鼓楼、萨坛、戏台——侗寨的标志；②音乐：侗歌、侗戏——侗文化的认同；③地方法规：侗款——延续至今的集体主义社会制度。将三者联系起来的纽带是侗寨中的行为主体，即侗人。人的活动将乡土建筑与民族文化、社会制度融合在一起，成为活的文化现象。其中，侗款是侗人从古至今一直沿用的一种民间自治模式和地方法，是以地域为纽带的村与村、寨与寨的部落联盟组织；也是其早期社会结构"房族"的重要单元之一。"房族"是以血缘联系为纽带建立起来的宗亲体系，侗语称为"兜"（Douc），现文献与研究中多见"斗"（是汉语对侗语发音的记录），侗款在其中起着承上启下的作用，下接基本家庭单元"基""公""然" ❶（图 5-9）。"款"的领导者为一族之长或一寨之长的寨老，木鼓声是寨老权力的象征，是其号令族人的信号，因此，侗人建造了专门安置木鼓的建筑形制——鼓楼，并成了侗款实施的场所。由此可见，鼓楼是侗人有意识形成的族内管理制度的核心所在，故在聚落空间中必定是高度最高、体量最大的建筑，且在不同维度的空间中起着划分领域和控制的作用。此外，鼓楼还具有极具侗文化特征的象征意义与物语，表达了侗人对美好生活的祈愿。

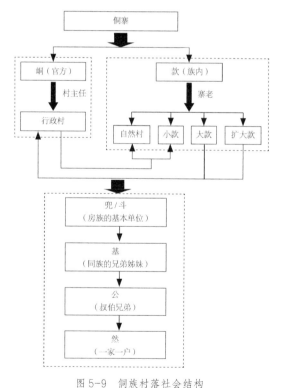

图 5-9　侗族村落社会结构

❶　姚丽娟，石开忠.侗族地区的社会变迁 [M].北京：中央民族大学出版社，2005：53.

1. 鼓楼的侗文化特征

侗族地区根据其方言分为"南侗"和"北侗"两大聚居区，其中"北侗"因受汉文化影响，建筑形制、装束、语言等都更接近汉族，其村寨中的公共建筑为祠堂；"南侗"地处深山腹地，保留了传统侗文化，鼓楼、干阑居住建筑、花桥、戏台、鱼塘、萨坛等一应俱全，故有"南侗鼓楼，北侗宗祠"之说。鼓楼，侗语称之为"堂卡""堂瓦"，意为"众人议事的场所"，因顶层中心置桦木牛皮大鼓而得名，是侗族的标志性建筑，历来有"未建村寨，先建鼓楼"的习俗。尤其在南侗地区，每个侗寨必有鼓楼，有的侗寨由于家族较多，会修建多座鼓楼，即每一个家族都会集体出资修建属于本族团的鼓楼，称为"楼团"，如肇兴、黄岗均有鼓楼 5 座，小黄、高增有鼓楼 3 座。根据资料显示，侗族地区现有鼓楼约 772 座，其中 425 座分布在贵州，并以南侗的黎平、从江为主，占据贵州省鼓楼总数的 99%❶。这些鼓楼大多始建于明末清初，并因年久失修、火灾等原因于 20 世纪 80 年代前后依旧制重建。在传统侗寨中，鼓楼既是制高点，也是以姓氏划分的族团中心，侗民自古就有依鼓楼而居的习俗，并延续至今，因此鼓楼是侗族聚落空间领域的核心。此外，这也与侗族与鼓楼相关的信仰和仪式行为有关。也正由此，鼓楼是侗寨中最坚不可摧的建筑，"百年木楼身不斜，一身杉木坚似铁"即是如此。

鼓楼在侗族文化中担负着重要的政治、军事和文化功能。首先，作为族群内部聚众讲款、施款的场所，鼓楼象征着寨老或款首在侗寨内至高无上的地位。其次，作为侗寨的制高点，鼓楼最初的修建目的是用于防御，通过瞭望并利用木鼓发出不同的鼓点作为预警信号，现存有关侗族鼓楼的记载最早在明代，因明王朝欲以武力征服侗族地区，故纷纷修建鼓楼以作报警之用❷。明万历三年（1575 年）《尝民册示》载："……或百余家，或七八十家，三五十家，竖一高楼，上立一鼓，有事击鼓为号，群起踊跃为要。"❸再次，鼓楼是同一地区区分不同族姓的标志物，是文化教化如侗族大歌等传授的主要场所。鼓楼上历史题材的彩绘故事也成为无字史书，向后人展示族群的来历，教化侗人与人为善、勤劳

❶ 石开忠. 侗族鼓楼文化研究 [M]. 北京：民族出版社，2012：16-17.
❷ 魏安莉，王少芳. 侗寨鼓楼的前世今生 [J]. 中国三峡，2011（6）：34-41.
❸ 张民. 侗族"鼓楼"探 [J]. 中央民族学院学报，1986（02）：94-96.

勇敢等。因此鼓楼是兼顾侗民日常休闲、娱乐、节日集会、重要议事（如祭祖）等族团内活动的文化中心。可以说，侗人一生都与鼓楼紧密相连，婚丧嫁娶等人生的每一个重要阶段都在鼓楼中进行，并且凡 13 ~ 17 岁侗族男性青年（年龄为单数），都可以在所属鼓楼中获得鼓楼名，并举行隆重的命名仪式、命名宴等标志其成人 ❶，即通过名字获得鼓楼身份，建立与鼓楼的文化关联，这也是鼓楼文化认同功能的体现。

2. 鼓楼的基本形制

鼓楼集中国传统的塔、亭、阁于一身，外形模仿杉树建造，主体一般由三部分组成，自上而下分别为宝顶、楼身和楼堂。整座建筑不用一钉一铆，运用力学杠杆原理，凿榫衔接，大小柱枋横穿直套，铰支系结合穿斗式结构逐层收进，并于宝顶上饰以陶瓷球珠或宝葫芦，木梁枋上描绘着关于侗人的图腾崇拜、民族信仰等的故事传说，表达了侗人独有的审美意趣。侗族聚居区鼓楼数量众多，但却找不出完全相同的两座，在平面形式、密檐层数、建筑尺度以及与花桥、鱼塘、戏台的组合关系等方面，都不尽相同。究其原因，一方面由于建造鼓楼的掌墨师无设计图纸，所有构造和尺寸都凭借记忆，因此无范式；另一方面，因为鼓楼是一个族姓或侗寨吉祥的象征与团结兴旺的标志，其大小高低代表明确的范围限定。

1）平面和柱网

鼓楼平面均为偶数的多边形，主要有四边形、六边形和八边形（又称四面倒水、六面倒水和八面倒水）。其中，四边形最多，八边形次之。按柱网结构可分为内 4 外 12、内 6 外 14、内 8 外 16 双层柱网的四边形鼓楼，内 6 外 6 双层柱网的六边形鼓楼以及内 4 外 8 双层柱网的八边形鼓楼。

2）立面和结构

从体量上看，鼓楼有明显的大小之分，立面主要为 7 ~ 17 层单数密檐式，其中大部分为 13 层重檐，四角、六角或八角攒尖屋顶，少数为四角歇山顶，四方形鼓楼通常在 3 层以上为转八角。结构大部分为穿斗式，即由几根金柱通到顶，插穿枋并在其上立瓜柱撑檩，层层向上收进形成整体。除此之外，鼓楼作为氏族实力的象征，通常是举家族之力加以修饰，因此每座鼓楼的立面花纹、图案、精细程度等都极尽奢华、独具特色。

3. 鼓楼的象征意义

1）形态的象征

杉木的象征意义。侗族所聚居的黔东南地区，气候温润，是杉木最易生长的区域，因此，杉木成为侗族鼓楼，乃至整个村寨建筑建造的主材，"杉木为柱，杉板为壁，杉皮为瓦"，再加上杉树旺盛的生命力，侗文化被便赋予了"神杉"的形象，象征着族群的繁衍与昌盛，是其祖先崇拜与生殖崇拜的体现。正如侗族《进寨歌》所唱："有一株几抱大的水杉……是保佑寨子的神树。"杉树常被作为侗寨的庇护树，正因如此，鼓楼造型也来自杉树高大的形象。在鼓楼的构造中，最古老的做法通常是由一根完整的杉木做中心柱（雷公柱），因为杉木最高可达 30m。此外，这也与古越人巢居文化有关。现存鼓楼通常是由 4～8 根完整的杉木做内柱，这样可获得更大的内部空间。总之，杉木象征着坚固与安全，并可满足建造高层的技术要求，因此是鼓楼建造的原型和技术核心所在。

鱼窝的象征意义。首先，侗族"无鱼不成礼""无鱼不成祭"，因为在侗文化中鱼象征团聚；其次，与侗族地区至今依然沿用的"稻、鱼、鸭"生态种养模式有关，在侗族传统农业中，鱼是水稻的保护神，侗族民间谚语"内喃眉巴，内那眉考"，汉语意为养得住鱼的地方稻谷才长得好[1]。因此，鱼亦成了侗族建筑文化中最重要的元素："鲤鱼要找塘中间做窝，人们要找好地方落脚；我们祖先开拓了'路团寨'，建起鼓楼就像大鱼窝。"[2]，鼓楼被赋予了"鱼窝"的象征意义，并常常与鱼塘建在一起，如肇兴的仁、智、信三座鼓楼及堂安鼓楼、黄岗高锣鼓楼、增冲鼓楼，都与鱼塘相邻（图 5-10）。

---

❶ 罗康隆，谭卫华. 侗族社会的"鱼"及其文化的田野调查 [J]. 怀化学院学报，2008（1）：1-5.

❷ 黔东南苗族侗族自治州文艺研究室，贵州民间文艺研究会. 侗族祖先哪里来（侗族古歌）[M]. 贵阳：贵州人民出版社，1981.

图 5-10 鼓楼与鱼塘为邻

（a）堂安鼓楼；（b）增冲鼓楼；（c）高锣鼓楼

2）数字的象征

受阴阳五行和侗族固有的吉祥观念影响，鼓楼建造时注重数的象征语义。例如平面大多为偶数，即阴数，其中，八面倒水屋面象征先天八卦中的乾、兑、离、震、巽、坎、艮、坤等位，立面重檐多为奇数，即阳数。大部分鼓楼有 1 根中心柱（雷公柱），象征一年；4 根主柱，象征四季和四个方位；12 根边柱，象征十二地支和十二个月。但现存鼓楼中，中柱多被改为中柱不落地，如小黄鼓楼的四根杉木金柱支撑顶层置鼓的平台，平台上起中柱至攒尖顶（图 5-11）。此外，前文提到，13 ~ 17

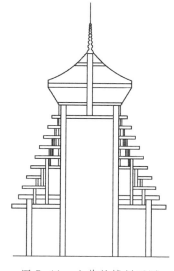

图 5-11 小黄鼓楼剖面图

岁的侗族男性获得鼓楼名的年龄也必须为单数。总之，鼓楼在数的象征意义上体现了其族群中天地、阴阳、男女的组合，寓意"日久天长"，这也是其原始繁衍和生殖文化的反映。

3）色彩的象征

鼓楼通常由五种色彩（红、白、黑、黄、青）构成，象征了五行（金、木、水、火、土）和五方（东、西、南、北、中）（表5-2）。红为基本色调，青色居多，黄色次之。其中：红色象征驱邪避祸、喜庆热烈；白色象征财源滚滚、招财进宝；黑色象征生殖繁衍、生生不息；黄色象征五谷丰登、六畜兴旺；青色象征朝气与活力❶。

鼓楼色彩的运用与象征　　　　　　　　　　　　　　　　　表 5-2

色彩	五行	五方	主要运用
红	火	南	柱、斗栱、廊画
白	金	西	瓦当、飞檐、屋脊、鸱吻、脊兽、檐板
黑	水	北	瓦
黄	土	中	窗棂、斗栱、廊画
青	木	东	底层斗栱、廊画

资料来源：张赛娟，蒋卫平. 侗寨鼓楼装饰艺术探析 [J]. 贵州民族研究，2016，37（4）：88-91.（参考绘制）

4）装饰物的象征

鼓楼的装饰由彩绘和灰塑两部分组成，题材包含了历史故事、民间传说、自然崇拜和祖先崇拜等，蕴含着丰富的象征意义。例如：鼓楼中"龙、蛇"题材最为常见，皆因其祖先越人以龙、蛇为民族图腾，寓意神勇威武，象征着鼓楼在侗寨中至高无上的权威；"鸟"图腾装饰次之，如仙鹤、金鸡、龙凤等，寓意长寿吉祥，是美好生活的象征；以"鱼"为装饰主题在鼓楼中也随处可见，如房梁上雕刻"双鱼抱福""三鲤鱼共头"的图案，寓意族群繁衍，象征多子多孙；除此之外，每座鼓楼都会有一些面目狰狞的"神塑"，寓意威严，象征驱邪避祸❷。

❶　赵巧艳. 侗族传统民居色彩象征研究 [J]. 内蒙古大学艺术学院学报，2014，11（4）：62-68.
❷　陈罗辉. 黔东南鼓楼灰塑装饰的艺术特征和文化意蕴 [J]. 装饰，2013（1）：81-83.

4. 在聚落声场中的作用

鼓声是侗族地区最重要的信号声源，在侗寨空间中起主导作用，使得其中所放置的木鼓所敲出的声音，在整个聚落声场中也占据主导地位，"看得见鼓楼，听得见鼓声"成为房屋建造选址、聚落建筑布局的首要原则。如乾隆时期的余上泗《蛮峒竹枝词》所载："不平鸣处事难休，牛酒携来怨欲酬；冈上数声长鼓过，一时围绕聚堂楼。"❶ 其释义是：侗寨中凡有矛盾需判定和调解的侗人，备好牛酒于鼓楼下找到寨老，寨老敲响木鼓召集各寨人前来一同判之，最后喝牛酒以表示和解。

从某种意义上说，由于鼓楼在聚落水平与竖向空间上的显著地位，使鼓楼具有凝聚人心的信号作用，而鼓声作为鼓楼的标志性声音，最大范围地覆盖了鼓楼所控制的区域，引人注目且极易辨别，并首先在声空间上统治了整个村寨，这种凝聚性的信号声从社会理念上将聚落的人吸引并团结在一起。其次，由于鼓楼的姓氏属性使得鼓声也兼有划定族姓群落边界的功能，构筑了一个由鼓声传播范围所界定的族群空间，对于侗人来说，每一座鼓楼都有它的信号声辐射范围。如位于黔东南苗族侗族自治州的肇兴侗寨共有五个房族，当地称之为"团"，分别围绕仁、义、礼、智、信五座鼓楼而建。每座鼓楼都是楼团建寨的中心，亦是房族的标志。其中，仁团现有居民 125 户，义团现有居民 198 户，礼团现有居民 206 户，智团现有居民 298 户，信团现有居民 160 户，并且每户都可直达楼团内部鼓楼。每一面侗鼓都有它独特的有别于其他族姓的信号声特质，因此即使几个族姓混居于同一村寨中，也能区分出是哪个鼓楼发出的鼓声。

5.3　观演型声景

传统观演性空间除了在当地兼有吸引全寨人或全族人聚拢集会的信号声作用外，满足当地人的观演需求仍是其日常最主要的功能。在现代观演建筑设计中，从听者的主观角度而言，合适的响度、较高的音乐清晰度和语言明晰度、足够的音乐丰满度、良好的声音空间感以及没有声缺陷和噪声干扰是影响听众

---

❶（清）邹汉勋，黄宅中 . 大定府志·卷五十八 [G].

观看演出时听觉感受的五个重要因素。一方面，为了满足以上要求，设计者通常会从 SPL、RT、反射声分布、STI、D50 等客观物理量方面入手进行声场设计，以创造最好的声音效果。其中，声音的传播与空间形态、规模、围合程度以及建筑的构造和吸声材料布置等声学特性有关，如空间的围合界面可以提供声反射，通过增加观众席的反射声来提高响度等。不同使用功能的观演建筑对各客观物理量的要求亦不同，如话剧演出剧场和音乐会演奏剧场的区别。另一方面，对于一般的室内观演空间而言，噪声干扰和声音清晰度是其声学特征的两个重要反映指标。其中，连续的噪声会对语言和音乐产生掩蔽效果，因此噪声应该比信号低 10dB 以上 ❶，即达到一定的信噪比，如在最小声压级的位置上，信噪比 S/N 应该大于 30dB，只有有效控制噪声源，才能保证剧场表演时的可懂度，实现不影响观众听觉效果的设计目的。

对于中国传统观演建筑来说，从古至今的每一类对声音有特殊要求的传统观演空间形态在使用时均未采用扩音系统，但仍获得了良好的听觉效果，其中也必定包含着巧妙的声学原理。由于传统观演场所多为露天或半开敞空间，室外观演空间声场特征的影响因素较室内也复杂很多。首先，外界环境中的噪声影响就是最不可控制的因素；其次，构成环境空间的材料类型很多，各种材料对声音的吸收与反射存在差异，因此较难控制使之达到理想的混响时间与反射声分布效果；再者，空气中的温湿度变化对声场客观指标的影响也不可忽视。因此，建造和使用时很难将各个客观指标控制在合理范围之内。

但在现实中，当地人对传统观演建筑和空间的背景噪声大小并不介意，这与现代设计截然不同。尽管基调声景环境较复杂，但由于听者早已熟知唱词内容，他们更多关注的是表演者的动作和唱腔，甚至只是对一种文化现象的拥戴与传承，因此有时还要人为地增加环境噪声来增加环境声效果。在大多数情况下，这些传统声学建筑或空间的声效果并不符合当代声学设计要求，但由于在观看过程中融入了听者的主观意识，逐渐形成了当地人的听觉习惯，并与特定文化相关，参与者更注重文化氛围而不是表演者唱了什么、念了什么，因此并不需要在建造时刻意地采取降低背景噪声的措施或对场所的 RT、D50、声场分

❶　毛万红 . 传统戏场建筑研究及其音质初探 [D]. 杭州：浙江大学，2003.

布等进行设计，而是将这些都看作当地特殊的传统观演文化而加以尊重、保留并传承。由此看来，在这样蕴含有特殊文化习俗的露天观演场所中，混响时间、背景噪声大小等客观指标不宜作为其主观声评价的唯一参数。

5.3.1 铜鼓坪观演模式分析

从铜鼓坪的空间布局上看，鼓置于场地的中心，甚至置于高处，确定了其在物质空间的核心位置。就声场构成而言，通过前文研究可知，铜鼓坪上的主要声源除木鼓声、芦笙外，歌声——飞歌、人活动的声音——银饰，都是以高频为主。其中，芦笙又细分为高、中、低音几种类型，一般芦笙演奏都是以高音芦笙为主，中音芦笙简化旋律，低音芦笙则因其体量大，使用的数量最少且多作强拍或长音之用❶。因此，中低音为主的木鼓，由于其波长较长、衰减较慢，加上连续的重击产生的声强度，足可以让它成为整个声场的中心。作为村落中主要的活动场所，铜鼓坪文化往往依托于人的行为模式——苗族传统观演模式——而存在，成为其"群体性"文化特征最显著的体现，即作为苗族特有的非实体观演空间，没有固定的演员和观众，强调观与演的频繁互动和群体参与性。

就声景而言，对于铜鼓坪这种露天观演声场，空间不封闭围合以及环境噪声、环境材料、环境温湿度等都是影响声传播和声景主观评价的不可抗因素，并且其空间形态源自对自然最大限度的适应性改造，因此所得到的指标结果不一定都能达到现行规范的要求。前文关于混响时间 T_{30} 和早期衰变时间 EDT 的分析结果显示，混响时间较短，可能会导致音乐的饱满度不够，EDT 和 T_{30} 差别明显，而在理论上二者的全频段变化应大体趋于一致。究其原因，是由于铜鼓坪空间为顶部开敞，与室内空间不同的是缺失了来自顶棚的反射声，因此，混响时间公式并不适用，更宜使用早期衰减时间 EDT 作为空间的主要音质指标❷。

尽管如此，通过对苗族文化的研究发现，在以"群体性"参与为主要模式

❶ 李飞.论"漱石"与"枕流"在中国园林水石造景中的应用 [J].中国园林，2011（4）：96-98.

❷ 王季卿.庭院空间的音质 [J].声学学报，2007（4）：189-294.

的观演文化的支配下，一方面，演者与听者之间没有明显的界限，听者熟知唱词内容，并常常加入其中，还有研究将"吹笙唱曲"称作苗族的第二种语言，因此对场域内的声环境质量并不太关注；另一方面，背景噪声容易被芦笙等乐器声所掩蔽，有时也可成为丰富环境声场的主要要素，增添声景的空间层次。因此，在铜鼓坪上产生的苗族传统观演模式融入了听者的主观意识，并形成了民族特定的听觉习惯，反映了其以"群体性"为核心的公共空间场域特征。

5.3.2 傩戏楼观演声场模拟

傩是中国古代的一种祭祀活动，历经几千年的历史蜕变，逐步形成了以驱鬼逐疫和请神为目的的一种民间戏剧——傩堂戏，土家人称之为"杠神"，是历史最为悠久的古代传统宗教剧目与民俗活动之一。傩堂戏分为土家傩、苗傩、侗傩等，在黔东北一代广泛流传，尤其在铜仁地区及其所辖德江、思南、沿河等土家族聚居地区盛行。这一地区虽处于水陆交通的要道，但却极重民风，因此大量世俗化的集体生活生存仪式被保留了下来，包括傩堂戏在内的历史传统剧目源远流长，且在当地保存了极为原始和完整的形式，故被专家学者誉为"中国戏剧活化石"。余上泗在《蛮峒竹枝词》中所载："伐鼓鸣钲集市人，将军脸子跳新春；凭谁认得杨家将，看到三郎舌浪伸"❶，就是对土家族傩戏的描述。表演傩戏时，表演者需佩戴傩面具，最初主要是用于驱鬼逐疫而举行的傩祭仪式，后来和祈求风调雨顺、五谷丰登等美好愿望结合，将舞蹈、戏剧等表演手法融合进去，从而向着具有一定故事情节的歌舞戏剧表演的方向发展起来。

在铜仁地区，傩戏代表原始的巫文化现象，集戏剧与祭祀于一体，因此又被称作"傩仪"。傩戏是傩仪走向世俗化、大众化过程的后继产物。

土家族傩堂戏的表演空间一般在主人居所的堂屋内或堂屋前的院坝里，演出时分内坛与外坛两部分，形成了正戏和外戏。其中，正戏通常在戏台前的空地进行，以请神还愿为主；外戏则为戏台上表演的穿插在傩戏中的情节戏，是正戏完毕后的娱乐性表演。使用的乐器主要有小锣、鼓、牛角等乐器，其中锣声和鼓声是声景的主体，起承转合随锣鼓声而定，一些小件的打击乐则是作营

---

❶ （清）邹汉勋，黄宅中．大定府志·卷五十八 [G].

造氛围之用。由于内坛的正祭与外坛的各种活动声景氛围完全不同，因此不同声音类型之间会产生声音混合现象。有的傩戏场所则已发展成了固定的戏台，各种乐器都有固定的位置，即音响较大的乐器在后，锣居左，吹奏乐器靠右（图 5-12）。

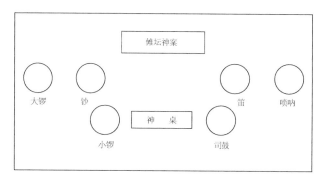

图 5-12　傩堂戏各乐器分布示意图

资料来源：曹本冶 . 中国传统民间仪式音乐研究（西南卷）[M]. 昆明：云南人民出版社，2003：256.

戏楼是文化的重要物质载体，建筑学者已按照构建形式将其分为了三类，即露天广场式、庭院式和厅堂式。其中庭院式多与庙宇相结合❶，由古戏楼与其他配楼或建筑、墙体围合成庭院空间。这类戏楼其建筑本身亦是有顶棚、后墙的半封闭建筑，建筑各界面都可为观演空间提供反射声，因此其声学特性亦与露天观演空间有所区别。

1. 傩戏楼概况

戏楼是文化的重要物质载体，建筑学者已按照其构建形式分为了三类，即露天广场式、庭院式和厅堂式。其中庭院式多与庙宇相结合❷，由古戏楼与其他配楼或建筑、墙体围合成庭院空间。这类戏楼其建筑本身亦是有顶棚、后墙的半封闭建筑，建筑各界面都可为观演空间提供反射声，因此其声学特性亦与露天观演空间有所区别。

❶　彭然 . 湖北传统戏场建筑研究 [D]. 广州：华南理工大学，2010.
❷　彭然 . 湖北传统戏场建筑研究 [D]. 广州：华南理工大学，2010.

由于傩堂戏的盛行，使得在这一带的许多地方都建有戏楼，并都结合会馆、祠堂等存在，如石阡万寿宫戏楼、禹王宫戏楼、铜仁川主宫戏楼和中南门飞山宫戏楼等。以飞山宫戏楼为例，它始建于元朝末年，是铜仁大、小江土司长官为祭祀飞山"洞主"杨再思受封威远广惠王而建，占地面积约 3000m²，建筑面积约 1500m²，后于清康熙年间重建。该建筑组群坐落于锦江河畔，旨在保佑河道疏浚与安全，沿山势而建，从下至上依次由山门、戏楼、正殿和配殿组成三进院落，规模可观（图 5-13）。现除戏楼保存尚属完整外，其他建筑均因损毁严重而修复。其中戏楼位于地势最低处，坐东向西与配殿相对，中间院落为看戏时的场院。建筑为两层穿斗式木结构，青瓦歇山顶，翼角起翘，两侧封火山墙厚 360mm，沿袭了传统清代汉式建筑形制。上层为演出的戏台，面阔三间 5.86m，进深三间 4.95m，棚顶装饰为"斗八藻井"；台面距庭院地面 1.78m；下层为过道或休息厅。

图 5-13 飞山宫建筑群剖面图

2. 模拟参数设置

本书选用 ODEON 进行仿真模拟，其根据是已有研究对 ODEON 古戏台庭院声场模拟的准确性和科学性进行了验证❶。由于该建筑群建于山坡上，为三进院落，主体建筑为木结构，格栅木窗镂空，院落四周墙体和地面均为石材（图 5-14），因此吸声系数如表 5-3 所示，考虑到石木雕可能形成的散射影响，材料扩散系数设置为 0.05，顶棚则设置为全吸声材料，设置大气温度为 20℃，相对湿度为 50%，声源设置为无指向性声源，共发射 500 万条声线，转换次

❶ 刘东升. 岭南地区传统粤剧戏场的声环境研究 [D]. 广州：华南理工大学，2012.

数设置为 2，声功率在各个频带设置为 100dB，其他设置保留软件默认值。声源位置选取在戏台的中轴线上，自台口向台中心后退 1m、距台面高 1.5m 处。

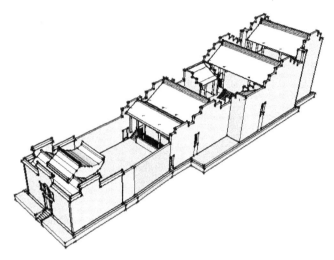

图 5-14   飞山宫建筑模型

石材与木材的吸声系数   表 5-3

	125	250	500	1000	2000	4000
石材	0.03	0.03	0.03	0.04	0.01	0.07
木材	0.28	0.22	0.17	0.09	0.10	0.11

根据观演场所特性以及研究需要，共选取了 13 个点作为受声点（图 5-15）。其中点 1、2 位于平行于声源的舞台两侧、距声源 5m 的位置，受声点高度与声源相同；点 3、5、7 和点 4、6、8 分别取面向戏台的庭院内、中轴线两侧距轴线 3m 的位置点，受声点高度均为 1.2m；点 9、10 位于正对戏台主殿的台阶平台上，平台与庭院地面高差为 1.47m，受声点高度为距台阶地面 1.2m；点 11 位于第二进院落的正中，地面与戏台院落地坪高差为 3.39m，受声点高度为距第二进院落地面 1.2m；点 12、13 位于第三进院落内距中轴线两侧分别为 2m 和 4m 的位置，地面与戏台院落地坪高差为 6.9m，受声点高度为距第三进院落地面 1.2m。

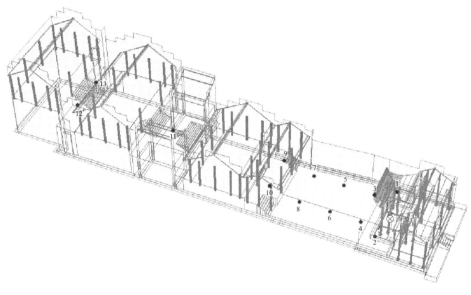

图 5-15　声源点与受声点示意图

3. 模拟结果分析

第一进院落里直达声的总 A 声级特点为：越靠近戏台位置声压级越高，其中 1～4 点总 A 声级数值差别不大，5～10 点数值接近，总声压级前 4 点较后 6 点高 3dB（A）左右，说明该戏台声场的空间分布比较均匀（图 5-16、表 5-4）。

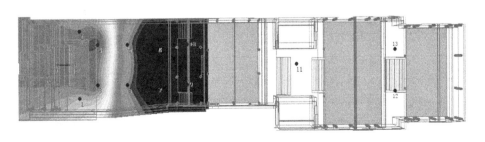

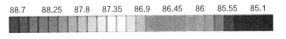

| 88.7 | 88.25 | 87.8 | 87.35 | 86.9 | 86.45 | 86 | 85.55 | 85.1 |

图 5-16　声场中的总 A 声级分布特征

各模拟点总 A 声级数值比较（dBA）　　　　表 5-4

	1	2	3	4	5	6	7	8	9	10
总 A 声级	87.8	88.0	88.2	88.7	85.6	85.7	85.1	84.8	85.1	85.4

各频段声压级数值比较时，虽然点 1、2 较点 3、4 离舞台更近，但由于戏台侧面宽度较正面尺寸小很多，加上两侧栏杆及柱子对声音的吸收与反射，因此点 1、2 直达声声压级略小于点 3、4；点 11 是因为直达声虽受到顶棚的声吸收（模拟时将庭院的开敞顶部设置为全吸声）以及建筑的阻挡，但由于木构建筑围护结构及门窗洞口的声透射，因此仍有部分声音被传入第二进院落里，声压级值为 44dB 左右；点 12、13 没有获得声压级数据是由于第二进院顶棚对透射声的再次吸收，加上分隔第二、三进院落的建筑尺度最大，因此即使有少量的透射声，经该建筑内部空间的多次反射与吸收，其数值也微乎其微。声压级在该院落声场中的分布如表 5-5、图 5-17 所示。

各模拟点声压级数值比较（dB）　　　　表 5-5

	125	250	500	1000	2000	4000
1	80.8	81.1	81.3	81.4	81.6	80.0
2	81.0	81.3	81.6	81.6	81.8	80.2
3	81.4	81.6	81.8	81.9	81.9	80.5
4	81.8	82.0	82.2	82.3	82.3	81.1
5	79.1	79.3	79.4	79.4	79.5	77.7
6	79.3	79.5	79.5	79.5	79.6	77.7
7	78.9	79.0	79.1	79.0	79.2	77.0
8	78.5	78.7	78.9	78.7	78.9	76.6
9	79.2	79.4	79.5	79.3	79.6	76.8
10	79.3	79.5	79.6	79.3	79.6	76.9
11	44.8	44.7	44.6	45.2	43.3	47.8
12	—	—	—	—	—	—
13	—	—	—	—	—	—

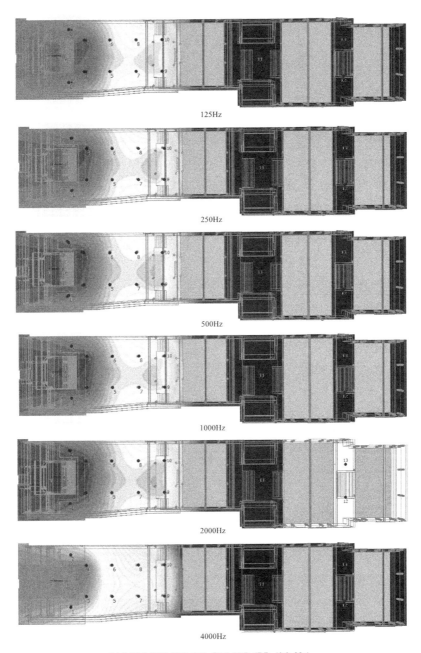

图 5-17　声压级分布模拟结果示意

关于 EDT 和 T_{30}，王季卿（2007）的研究中曾提到，庭院空间由于顶部开敞，与室内空间相比缺失了来自顶棚的反射声，因此混响时间公式并不适用，应强调使用早期衰减时间 EDT 作为空间的主要音质指标为宜 ❶。飞山宫戏台庭院也为无顶的半开敞空间，由于模型中将其设置为全吸声，没有来自顶棚的反射，因此，本次模拟结果将早期衰减时间 EDT 作为主要评价指标，T_{30} 则作为参照。结果显示（表 5-6、表 5-7），T_{30} 和 EDT 数值都是沿戏台庭院中心点向四周逐渐增大，其中，点 11～点 13 并不在观演空间范围内，因此这里不予讨论。点 1～点 10 的 EDT、T_{30} 值分别在各受声点相差不大，原因是戏台院落空间很小，各点接收到的来自各界面的反射声差别不大。其中，低频段 EDT 和 T_{30} 值很小，而 2000Hz 的较大，这是因为木材和石材对低频声的吸收效果明显，对高频吸声效果极差，尤其是石材，在 2000Hz 时吸声系数仅为 0.01。此外，EDT 值除在点 1、2 时高于 T_{30} 值外，其他点均小于 T_{30} 值，这是因为点 1、2 位于戏台与院墙形成的三面围合的半封闭空间中，接收了来自于石墙的早期反射声，其他点则因位于戏台前部，距离其他三面围合的界面较远，且由于戏台两侧没有围护结构，也未对声源形成声反射，因此点 3～点 10 接收到的基本是直达声（图 5-18、图 5-19）。

各模拟点混响时间 T_{30} 数值比较（s）　　　　　　　　　　　　表 5-6

	125	250	500	1000	2000	4000
1	1.61	1.64	1.65	1.53	2.35	1.07
2	1.60	1.61	1.69	1.57	2.26	1.18
3	1.66	1.66	1.63	1.51	2.24	1.09
4	1.56	1.65	1.65	1.50	2.08	1.13
5	1.64	1.58	1.59	1.57	1.94	1.03
6	1.64	1.72	1.70	1.44	2.08	1.10
7	1.51	1.49	1.50	1.46	1.86	1.05
8	1.49	1.50	1.54	1.43	2.01	0.97
9	1.74	1.79	1.79	1.74	2.01	1.11
10	1.63	1.73	1.64	1.58	1.95	1.16

---

❶　王季卿. 庭院空间的音质 [J]. 声学学报，2007（4）: 189-294.

各模拟点早期衰减时间 *EDT* 数值比较（s）　　　　　　表 5-7

	125	250	500	1000	2000	4000
1	1.64	1.66	1.59	1.48	1.69	0.82
2	1.66	1.64	1.59	1.53	1.73	0.80
3	1.42	1.24	1.44	1.30	1.37	0.69
4	1.37	1.19	1.18	1.05	1.47	0.64
5	1.46	1.48	1.48	1.34	1.50	0.92
6	1.40	1.52	1.57	1.46	1.49	0.93
7	1.44	1.28	1.32	1.24	1.60	0.97
8	1.52	1.31	1.33	1.24	1.41	1.01
9	1.32	1.47	1.49	1.46	1.37	0.99
10	1.50	1.56	1.56	1.33	1.68	1.03

　　关于语言传输指数 *STI*，Houtgast 与 Steeneken 研究表明，客观语言清晰度
参数——语言传输指数 *STI* 能很好地预测主观语言清晰度 ❶，故提出了运用 *STI*
来考察语言清晰度的方法 ❷。国际电工委员会（IEC）和我国电声标准委员会也
建议用 *STI* 作为厅堂语言可懂度的评价指标。尽管不同语言如英语、汉语可懂
度与 *STI* 的关系略有差别（图 5-20），但总的趋势是一样的，即 *STI* 数值越大，
语言清晰度越高，可懂度得分也越大。此外，关于 *STI* 与语言清晰度得分和可
懂度的相关性研究表明，当 *STI* > 0.5 时，语言清晰度接近 75%，可懂度得分很
高；*STI* > 0.6 时，语言清晰度接近 85%，可懂度为满分；*STI* < 0.4 时，清晰度
则小于 65%，观众很难听懂 ❸。模拟结果（表 5-8、图 5-21）表明，点 1 ~ 点 4
由于离声源最近，可获得更多的直达声，因此语言清晰度最好，*STI* 均在 0.6 以
上，根据 *STI* 评价指数（图 5-22），语言可懂度评价结果为"优良"，其中点 3、
4 优于点 1、2，是由于点 3、4 面对戏台且距离舞台最近，并且戏台正面尺度
远大于两侧，加上点 1、2 离围墙很近，石砌墙面的反射声对直达声有干扰作用。
点 5 ~ 点 8 的 *STI* 数值也都在 0.5 以上，语言可懂度评价结果为"中"，由此可
推断，整个傩戏台声场的语言清晰度都较好，观演效果亦较佳。

❶　HOUTGAST T，STEENEKEN H J M. The modulation transfer function in room acoustics as a predictor
　　of speech intelligibility[J]. The Journal of the Acoustical Society of America，1973，54（2）: 557-557.
❷　王季卿 . 庭院空间的音质 [J]. 声学学报，2007（4）: 189-294.
❸　KANG J. Comparison of speech intelligibility between English and Chinese[J]. Acoust. Soc. Am，1998，
　　103（2）: 1215.

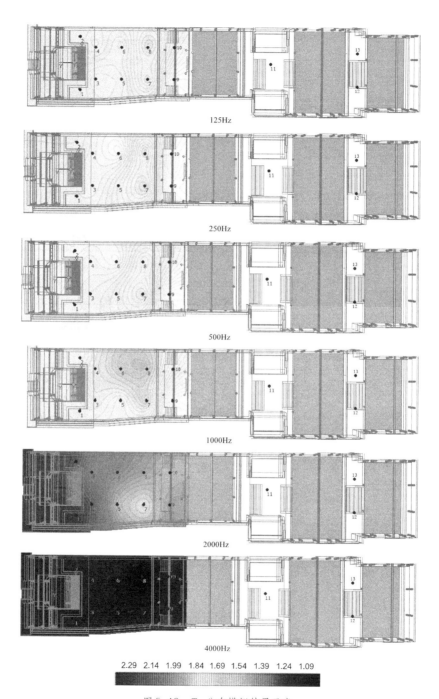

125Hz

250Hz

500Hz

1000Hz

2000Hz

4000Hz

2.29 2.14 1.99 1.84 1.69 1.54 1.39 1.24 1.09

图 5-18 T_{30} 分布模拟结果示意

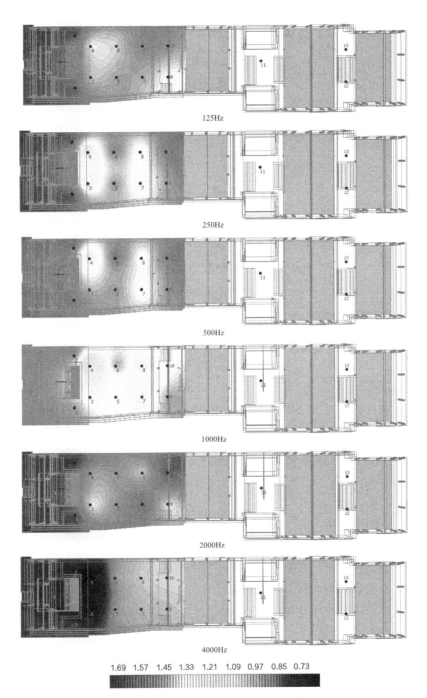

125Hz

250Hz

500Hz

1000Hz

2000Hz

4000Hz

1.69　1.57　1.45　1.33　1.21　1.09　0.97　0.85　0.73

图 5-19　*EDT* 分布特征模拟结果示意

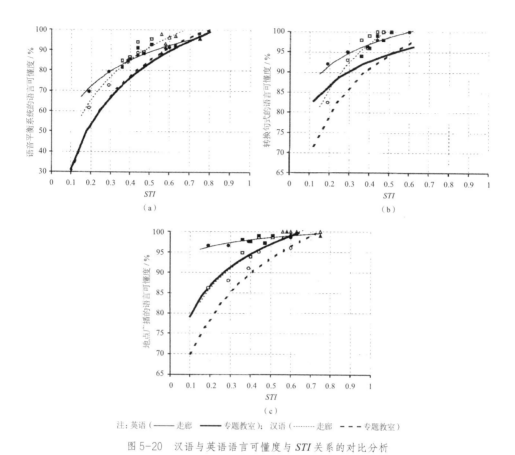

注：英语（——走廊　**——**专题教室）；汉语（⋯⋯⋯走廊　**- - -**专题教室）

图5-20　汉语与英语语言可懂度与 *STI* 关系的对比分析

（a）单词；（b）修改过后的句子；（c）扩音器传出的句子

资料来源：KANG J. Comparison of speech intelligibility between English and Chinese[J].

Acoust. Soc. Am，1998，103（2）：1215.

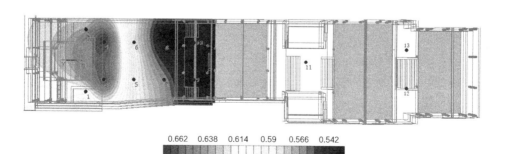

0.662　0.638　0.614　0.59　0.566　0.542

图5-21　*STI* 分布模拟结果示意

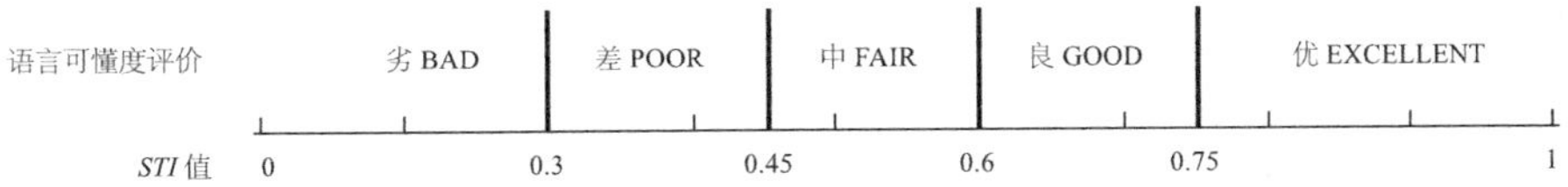

| 语言可懂度评价 | 劣 BAD | | 差 POOR | | 中 FAIR | | 良 GOOD | | 优 EXCELLENT | |

图 5-22　*STI* 评价指数

语言传输指数 *STI* 数值比较　　　　　　　　　　　　表 5-8

	1	2	3	4	5	6	7	8	9	10
STI	0.61	0.63	0.66	0.67	0.59	0.58	0.56	0.53	0.53	0.54

第6章 传统声景观的非遗特征与保护

声景是某个时代、某种文化的产物，可看作某种文化现象，深深地烙上了地域与时代的印记，投射出特定自然环境下地域性经济与生产生活方式的生态适应性，或某一社会时期民间信仰与风俗的理性认识度 ❶。贵州独特的地理环境和民族构成为当地保留了许多珍贵的蕴含着民族特有的思维方式、想象力和文化意识的声景遗产，且表现为不同的文化形态。这些在长期的人类社会活动和历史发展中自然而然形成的传统"声音生态"，大都蕴藏着丰富的历史社会信息与时代特征，带有强烈而浓郁的地域色彩与民族文化色彩，并担负着传递自然生态和社会生态发展的功能，包含着随时代变迁而容易泯灭的文化记忆。因此，只需对某一特定的声景片段进行研究，由表及里，就能探寻出其所依托的自然与社会历史背景，进而生动地描绘出历史的生活场景画卷或追溯到先人的历史足迹，这即是传统地区声景观的重要生态与文化研究价值所在。

6.1 非物质文化遗产属性分析

环境声中，除了语言以及一些随意发出的声音外，更多声音是由人类有意识、有目的地创造而产生，或是由历史事件直接或间接制造产生，因此这些声音所反映的是人类的思想情感与社会活动特征，并包含了特定的文化内涵与价值取向，如古代人利用巨大的噪声来击败对手。透过一些特殊语境的声景，我们还可以真切地感受到特殊历史事件的氛围、一定时期或自然环境下人的生存状态与方式以及不同人群的生活习俗和居住环境等。如侗族大歌作为"民俗与民族知识"的载体，较完好地保存了表演场所的民俗语境与文化表演模式，鲜

---

❶ 唐孝祥. 岭南近代建筑文化与美学 [M]. 北京：中国建筑工业出版社，2010：85.

活地展现了侗族的文化传统特质和历史演进过程。这些声音蕴含着丰富的文化与历史内涵，具有生态性、活态性和传承性等共同特征 ❶。对声音的非物质文化遗产定位，可通过其核心属性加以确定。

6.1.1　文化属性

文化属性作为文化遗产的最基本属性，是区分于其他同类文化的根本。按照声景观的非物质因素组成，其文化属性亦可分为两类。

1. 声源的文化属性

在贵州传统村落中，声景观的文化属性首先表现为声源本身的文化特征。其中，语言是区分族群文化的主要途径，决定了语言本身的文化属性，以语言为主体构成的声景则是我们通常所指的语境。众多音乐表演是其族群文化的重要标志，也具有典型的民族文化属性。以侗族为例，大歌以民族语言为载体，被看作侗文化的代表，列入《人类非物质文化遗产代表作名录》，这是对大歌文化属性的肯定。大歌根据体裁可分为鼓楼大歌、声音大歌、童声大歌、叙事大歌、礼俗大歌、戏曲大歌和混合大歌七种 ❷，根据表达的文化内容的不同，采用不同的表演方式，呈现不同的情感氛围，这也体现出了声景观的文化属性特征。此外，以鼓楼为依托的鼓声是侗文化的重要标志，每个侗寨甚至每个族团都有鼓楼，在空间和精神上均起着重要的控制作用，并兼有重要的防御作用；木鼓以牛皮为鼓面、以粗壮的杉树树干为鼓身，这与侗族的信仰文化密不可分；侗族文化对鼓点节奏进行了规定，代表着不同的信号文化含义等，都是声源本身所具有的文化属性。

2. 空间的文化属性

声景观作为一个抽象的景观空间形态，它通常由声源及其所在场所的建筑、植被、地貌环境等所决定，因此其文化属性亦包含组成这个景观空间的所有因素的文化特征。首先，传统村落形成的历史时期决定了其文化大都是以自然环境为感应基础的，因此自然因素是决定空间文化属性的最基本因素。苗、侗等

---

❶ 申茂平 . 贵州非物质文化遗产研究 [M]. 北京：知识产权出版社，2010：9.
❷ 申茂平 . 贵州非物质文化遗产研究 [M]. 北京：知识产权出版社，2010：43.

民族的稻作文化决定其选址于山谷平坝地带，山谷可产生丰富的回声效果，即是声音及其所在空间反射面所构成的声景观。贵州常年相对湿度在70%以上，年平均气温在15℃左右，有研究表明，随温度和相对湿度的升高，大气对声能的吸收与衰减数值有所降低，并且比较湿度在70%以上，温度为15℃与30℃时大气对不同频段的声吸收值，结果显示，对高频声的影响显著，并随着相对湿度的升高而减小❶。因此，不同温湿度条件下，声景观现象亦有所不同。

植被对声景观的影响主要表现在声吸收与声反射上。村落周边植被以高大、密集的柏科类为主，有研究发现，距地面2m高的声源经过500m的柏树林后，各倍频程声压级降低的数值为：63Hz（3.2dBA）、125Hz（9.7dBA）、2000Hz（21.7dBA）以及4000Hz（24.7dBA），并且由于柏科植被形态对声音有向下的反射作用，可形成与地面的二次反射，因此声衰减值低于其他科类植被。此外，平整茂密的草地的吸声效果较明显，尤其是对中高频声的影响❷。总之，声景观受到地形、温湿度、地表植被等环境条件影响，反映出了特定的地域文化属性，是其在先验选址经验影响下的民族文化特质的表现。

其次，建筑建造形制是声景观文化属性的物质表达，它与社会文化等相关联。传统村落建造以"因地制宜"为基本，以民族传统文化习俗为导向，因此建筑材料多为天然的、不经修饰的木材与石材。其中，表面凸凹的石材基本不具备吸声能力，并结合山地地形做成沟、坎、台，形成回声；木材为多孔材料，吸声性能良好，湿热环境下木材的吸水性会降低材料的孔隙率，因此吸声性能也会降低。木材隔声效果较差，如25mm厚木板的平均隔声量为34.66dB，而24mm厚的空斗隔墙的平均隔声量则为45.5dB❸，加上木干阑建筑底层架空、上层通透，门窗洞口尺度大，因此建筑的声透射效果较好，易获得良好的室内听觉感受。

此外，群体建筑的空间形态与族群的社会组织文化密切相关，是传统村落声景观文化属性的特殊性的展现。例如侗族以合款制作为其族群的组织模式，

---

❶ 马大猷. 声学手册 [M]. 北京：科学出版社，2004：143-145.

❷ PARRY G A，PYKE J R，ROBINSON C. The excess attenuation of environmental noise sources through densely planted forest[J]. Acoust，1993，15（3）：1057-1065.

❸ 马大猷. 声学手册 [M]. 北京：科学出版社，2004：529-531.

在此背景下形成了以鼓楼为中心的聚落群体空间组织形式——竖向空间上，鼓楼作为族团的最高点，起着划分领域空间的控制作用，其本身又将牛皮鼓声源的声压级提高，并结合四边形、六边形、八边形等多边形形体，形成一个多面体无指向点声源，赋予了声景观特殊的侗文化属性；横向空间上，鼓楼、戏台、鱼塘以不同的空间围合模式成为侗族村落的公共空间，包含了侗人日常所有的公共活动，并形成了村落群体空间中的面声源，也赋予了声景观侗族特有的空间文化属性。

6.1.2　活态属性

活态属性是文化的生存方式，是非物质文化遗产区别于物质文化遗产最根本的属性，因此是非物质文化遗产认定的重要前提。一方面，非物质文化遗产以人为本体，以人为主体，以人为载体，以人为活体，即某种文化或文化现象依附于特定的人群或空间存在，一旦脱离就将失去其存在的价值意义，从这个角度而言，人口的数量、质量和流动是影响非物质文化传承的主要因素❶，人作为文化传播的载体，尤其在苗侗族这类没有文字的民族中，"口传心授"的文化传承模式，使得以人为主体的"活态性"传承成为重要非物质文化遗产能否保留的决定性要素。另一方面，民居建筑、传统村落等物质文化遗产也需要以人的活动为载体，从而变成活的文化事实，如苗族铜鼓坪以及侗族鼓楼、戏台、鱼塘等公共建筑与空间中，各种民间活动、仪式礼仪，甚至鼓社制和合款制文化下产生的族团议事、寨老会议等非物质文化形式，都是保持整体村落活态性的重要内容。

不论是对文化的活态传承，还是各种族群活动对传统村落空间的活态保持，都是以声音作为媒介的。其中，"口传心授"即以口头传播为途径，又加入了文化的仪式性特征，因此决定了其传播过程中的情境是丰富的，是以语言、音乐等声音为主体，以吊脚楼、鼓楼、戏台、坪坝等公共空间为物质载体的叙事性场景，这便是文化传播过程中声景观的活态属性。鼓楼等主要建筑作为侗文化的精髓，与侗人的活动密不可分，如果脱离鲜活的现实场景，就将失去其本

---

❶　李虎，李红伟 . 少数民族非物质文化遗产保护的人口要素探析 [J]. 广西民族研究，2019（3），130-136.

身的非物质文化价值，如现在的很多侗寨，即使不再敲击木鼓——以扩声器取而代之，也依然保留了其作为信号声的功能，鼓楼依然是逢年过节大歌演唱比赛、迎接重要客人来访、寨老议事、闲事集会等的重要场所，保留了其作为主要声源的声景观的活态性。聚落群体景观中，声景观是其景观活态属性的体现，以自然声、动物声等为主要声源的背景基调声和以人的活动声为主要声源的文化标志声，都需要依托于特定的地域环境和人文社会环境而存在，一旦改变了自然环境原貌，或离开了传统的侗人群体生活行为模式，那么群体聚落的鲜活性亦会消失。

6.1.3　非物质属性

非物质属性是非物质文化遗产区别于物质文化遗产的最根本属性，其文化必须以人为载体，通过人的思维或者精神传承与传播，从而形成特定人群或地域内的文化认同，如各种工匠技艺、艺术表演等。这些文化首先产生于精神与思维层面，是无形的、抽象的，再通过行为活动形成具象的物质表达❶。因此，文化形态的非物质属性即是其必须依附于特定的人的精神或思维存在，一旦在传承过程中出现了断代，便将失去其非物质的文化价值。

声景观作为一种不可见的、不可触的、无形的、抽象的景观形态，其本身就体现了非物质属性。构成声景观的两个要素——声音与空间，其物质形态、产生过程以及文化本质都具有非物质属性。其中，声音是无形的，是通过物体振动产生波动并通过一定的介质传播而形成的，因此从形态构成上区分，声音是属于非物质的。从声音的文化存在形式看，亦是非物质的。在传统民族村落中，文化的传播需要声音，如口传心授、大歌古歌、各种文化表演等，都是通过人的口头表达形式进行的，是人的思想或精神传递的过程，是一种抽象的文化现象，具有非物质的属性。

相对于有形的村落空间本体，如建筑、树木、地形等而言，相关的建造文化是无形的、非物质的。如植根于侗族文化的"合款制"群体建造文化，与稻作文化相关的"河谷坪坝、近水而居"的村落选址文化以及"随形就势、因地

---

❶　宁洋. 论非物质文化遗产的非物质性 [J]. 连云港：淮海工学院学报（人文社会科学版），2012：4-7.

制宜"的地域建筑形制与材料建造文化等，都是其空间非物质属性的体现。此外，村落空间的物质形态是可判断与测量的，如我们常用围合、半围合和开敞等来形容传统自然村落的空间形态，可借助测量工具加以度量，但构成声景观的声场空间，即声音在一定场域内的传播范围是无形的，无法通过简单的工具加以度量，只能借助声场模拟软件划定理论上的范围边界，它取决于声场内空间界面的围合度、地形、材料的声吸收与声反射系数等环境因素，都是由数据化的抽象参数决定的，也体现了其非物质的属性特征。

6.2 非物质文化遗产价值分析

事物的价值通常是由其功能所决定的，文化遗产的价值亦是如此，这有利于从不同的评价角度认知遗产的文化本源。非物质文化遗产作为人类文化多样性的体现，其本身包含一个复杂且多元化、多维度、多层次的价值体系，是从不同的功能角度体现文化对一定人群的作用。声音具备非物质文化的特征与属性已毋庸置疑，贵州传统村落中的声音与空间的遗产价值已得到认可，因此其所构成的声景观的非物质文化遗产价值亦是二者价值的集合，是在历史、文化、社会、科学、审美等的影响下，集体无意识行为的表现。

6.2.1 历史传承价值

历史传承价值是一种文化现象或形态能否被确定为文化遗产的最基本条件。在这些传统村落中，构成声景观的声音和空间产生于特定的历史时期，并经历了不同的历史时代。其中，声源本身的历史传承价值体现在苗、侗族语言的代际传播中，并且口传的文化传承方式决定了以语言为主体的声音表演文化形式，如侗族大歌、苗族古歌等民间叙事性歌曲，侗戏等民间戏曲，内容几乎涵盖了历史、神话传说、古规古理、风尚习俗等方方面面；村落空间的物质形态，包括选址、图底关系、空间围合度、建筑材料选用等，是对先人居住文化、历史环境等历史建造文化的传承与反映。

在此基础上，一方面，以族群活动为载体的声景观文化遗产真实地记录了人类的人文社会活动和居住环境的自然特征；另一方面，声景观本身是抽象的、无形的文化形态，很难用文字记录，因此衍生出了文化中的语言、音乐等声音文化的现实作用，即利用口传心授、民间诗词歌赋等直接或间接的方式传递文化因子，如侗族大歌全靠"桑嘎"（歌师）口头教唱。总之，透过声景观非物质文化遗产，我们可以了解到不同历史时期的社会组织结构、生产发展水平与生活方式、道德习俗与思想禁忌等，以更加真实的文化传播方式不断地补充正史史料研究内容，具有丰富的历史传承价值，成为民族文化整体可持续发展的动力。

6.2.2　精神认知价值

精神认知价值是非物质文化遗产的文化功能体现。声景观的无形性特征决定了它们通常是民族意识、文化理念以及群体精髓的体现，具有非物质文化遗产的精神特质与价值。同时，声景观又与某一民族的生活态度、社会行为等一脉相承，是其特有的文化意识、心理模式、生活习俗和生产方式的集合，是民族文化基因的外现，具有明显的文化典型性和辨识度，体现出了对族群的认知价值。

贵州传统村落中，一方面，传统文化中对精神的需求远远大于物质，"饭养身，歌养心"表达的即是这种文化特质，因此，数量众多且仪式隆重的节日、集会等贯穿于生产与生活的各个阶段，与之相关的声景观体现着侗族的精神面貌。如"祭萨"是侗人最隆重的活动，每个侗族村落有都萨坛，每到正月，信炮一响，众人齐诵"萨词"，这种宏大的声景观场面，体现出了侗人对女性祖先坚不可摧的崇拜情结和强烈的依赖情感，是其民族精神和文化认知的体现。又如巫术对苗人的心理和行为有支配作用，是沟通人神两界的媒介，由于闭塞的自然环境与社会发展水平，这些巫教观念大多还处于意识水平比较低的自然崇拜和鬼神崇拜阶段，如对自然物或自然现象等的祭拜，包括祭山、祭树、祭风、祭雷电等，苗人擅长用歌唱或各种响器模仿这些自然的声音，创造环境声音意境，并逐渐成为该民族生生不息、赖以生存的精神遗存。

另一方面，各种声音活动大都以传播族群文化为使命，在特定空间场所的现实功能作用决定了其所包含的认知价值。如鼓楼是侗族的标志性建筑，与之相应的是以鼓楼为物质载体的传递具体含义的信号声，并且这些含义只有族团内的人才能理解，因此，这种非物质形态的可识别性决定了它在族群中的认知度；分声部表演的侗族大歌，其声音本身即是可辨别的侗文化组成；苗族按照不同的语言类型进行分区，也是其归属价值的表现。

6.2.3　文学艺术价值

口头文学是众多少数民族最主要的文化传播形式，是用语言结合表演的艺术形式，常被称作"民族文化史、艺术史的活化石"，"活"字体现了它的特点，即构成形式丰富、有人的活动参与并结合了民族文化艺术特点等声音艺术的集中体现。

如侗族民歌按形式大致可分为"大歌""小歌""广场歌""叙事歌""酒会歌"和"拦路歌"等六种❶。其中，侗族大歌最负盛名，它的多声部、无指挥、无伴奏的口头艺术表演形式，一般由男女声混合而成的二声部组成，以高声部为主旋律，低声部以拖长尾音的方式和声，在民间有"雄音"（高声部）和"雌音"（低声部）之称，主要歌腔有几百种，被誉为"世界的天籁之音"，体现了珍贵的作为民间音乐的艺术价值。《三江县志》载："侗人……按组互和，而以喉佳唱反音。"❷ 清代《秀庵记》载："（侗人）前者唱于（即吁）而随者唱喁，联袂而歌，于焉喁如，众乐皆作，八音备举，合村中，无一非能鸣者焉，彼天地间亦可尝有寂嬗耶。"❸ 这些描述的都是大歌表演时众人齐和的景观场景，是对其民族集体艺术意趣的体现。侗戏是 2006 年第一批入选我国国家级非物质文化遗产名录的口头表演艺术，其曲调主要有"平板"（又称"普通板"，叙事性）和"哀调"（又称"哭调"，表达悲伤）等，伴奏的乐队分管弦乐（二胡、牛腿琴、侗琵琶、侗笛、芦笙）和打击乐（鼓、锣、钹、镲等，只用于上下场）❹，声场构成十分丰富。如由著名侗族歌师梁耀庭与梁邵华根据侗族传统文学《珠郎娘美》改编的侗戏，剧本分为 17 幕，利用修饰性的语言、音乐、表演等增加舞台效果，使整个观演空间声场的音质饱满，情感表达丰富，从说、唱、演、

---

❶ 郭阳，刘晓静 . 浅析《珠郎娘美》对侗族音乐的影响及传承 [J]. 贵州民族研究，2014（7）：105-108.

❷ （民国）魏任重修，姜玉笙纂 . 三江县志·卷二 [G].

❸ 杨鹃国 . 侗族大歌浅议 [J]. 贵州民族研究，1988（3）：49-51.

❹ 申茂平 . 贵州非物质文化遗产研究 [M]. 北京：知识产权出版社，2010：46.

吹奏等多个角度诠释了侗族口头文学的艺术价值。

说唱文学也是口头文学中的重要一类，苗、侗等少数民族的说唱文学既受到汉族文化的影响，又受到本民族歌谣韵律与方言音调的影响，形成了特有的说唱艺术。如侗族琵琶歌因由琵琶演奏而得名，侗族琵琶大都四弦，演奏方式有拨、打两种❶，乐器本身的发声特点是：弦的振动—复手的振动—面板的振动，音量大且音域广阔，具有极强的艺术表现力❷。歌师在进行琵琶歌说唱表演时，声情并茂，根据叙事的内容表达不同的情感，营造不同的艺术氛围，极具感染力。

在口头文学的传播过程中，苗侗人还善于对环境声进行模仿，惟妙惟肖，声音歌即是具有代表性的一种。如利用声音来模仿自然界的鸟叫虫鸣声和自然流水声等，由虚词、衬词加上模拟各种大自然声音的象声词组成，突出文学作品中的情感表达。

6.2.4　经济社会价值

经济社会价值是非物质文化遗产能够存活的物质前提，没有经济的支持，非物质文化难以保护与创新，没有社会的包容，非物质文化遗产很难在现代语境中焕发生机。同时，非物质文化遗产的属性一旦确定，也将在古村落的保护与发展中发挥其重要的经济与社会价值。声景观主要由声音和所在空间两个要素构成，两者作为非物质文化遗产的经济与社会价值已得到确定。

在村落空间方面，对已确定为传统村落的或具有历史年代价值和文化传承价值的传统村落，以保留空间格局和生活原貌为前提，开展保护性修复和环境提升，并进行适度的旅游开发，成为活态的文化旅游项目，为村落发展带来经济与社会效益。如肇兴侗寨、西江千户苗寨等在近些年的旅游开发中，在保留原村寨里居民生活模式的基础上，进行了适度的村落环境改造，并以各鼓楼或寨中坪坝为单位，通过出租店铺、售卖侗文化衍生品等让族民共同获利，推动经济与社会发展，同时，也为文化传承提供了物质基础。在声音方面，对于入选世界与国家非物质文化遗产的声音项目进行大力弘扬，不断地推动音乐、表

---

❶　杨旭昉．琵琶歌：侗族的说唱诗歌艺术 [J]．民族论坛，2011（12）：32-33．

❷　高珊，高璐，丁丽娟．浅析琵琶"弹"的声学特征 [J]．大舞台，2010：15-17．

演等文化形态的价值转化。如打造了文化品牌"多彩贵州风",通过比赛等形式对侗族大歌进行推广,并在村落中发展文旅产业,结合大型侗文化艺术展演,推动声音文化产业的发展与经济效益转化,从而推动其文化的传承与保护。

此外,以口头文学为主的声音还具有重要的社会价值。一方面,它是祖先崇拜、氏族集会、婚丧嫁娶等一系列重要社会活动最主要的表达方式,这是由民族本身的声音文化所决定的。另一方面,声音对族群的行为规范和道德教育起到了教化功能,"款约""贾理"等都是当地的民法,由于缺乏民族文字记录,不便于记忆与传承,族人便将其内容编成了具有节奏和韵律的唱词进行传唱,其内容是关于历史、规章与惩罚制度等的族谱族规,目的是为了规范族人的行为,歌颂优良的道德品质,树立族群的典范,惩恶扬善,达到对族人的教化目的。

6.3　传统声景观遗产的保护与利用

因地处偏远地区并且与外界文化接触较少,贵州传统聚落中的各种声景得以较为完整地保存下来。但是,一方面,伴随着城市化进程和科技的推动,各种现代化电器、交通工具等早已对大山最深处的村寨传统基调声景产生了冲击,在带动旅游业和经济迅速发展的同时,也使得原生态声景文化陷入困境之中,如许多传统标志性声景逐渐走向市场化而开始失真。另一方面,则是传承主体——声文化传承人的变化,如许多当地儿童因从小学习汉语而对本民族语言一无所知,大批年轻人进城务工而脱离了传统村寨这个语境,芦笙无人吹,大歌无人唱,传统民间技艺面临着后继无人的困境,也使得非遗的活态传承面临挑战。此外,声音自发性保护意识的欠缺也是传统声景形势严峻的主要原因。声文化常被我们所忽视,但它的的确确承载着一个地域或民族的传统文化观念和思想,是一种可作为交流工具的文化符号。在欧洲早就颁布了关于城市噪声和人类活动声音的相关法案,但直至今日仍没有任何一部条例涉及保护那些萦绕在居住区上空的,或教堂穹顶下伴随着音乐而发出的巨大的机械钟声,这些声音所蕴含的深刻文化含义是:宗教徒们利用这些声音巩固其教会在当地居民心中的统治地位,是中世纪以宗教为中心的文化象征。

贵州各民族同胞热爱本民族和地域内的声音文化,却缺少保护理念与意识,走出去的年轻人甚至不愿意再说本地语、不愿再唱民族歌曲。虽然近些年来，当地政府部门及相关学者已提出并开展了一些关于声音类非物质文化遗产的保护，但相对于声音文化大面积流失的现状是远远不够的，不少珍贵的声音遗产仍处于濒危状态，需要我们给予更多的关注。

6.3.1　声景观遗产的保护原则

1999 年联合国教科文组织通过决议设立"人类口头和非物质遗产代表作名录"，标志着人们已经开始关注本土文化中除实体文化外更加抽象的、记录着不同族群生命历史记忆和独特生存象征的、关系着人类文化不同精神存在的声音文化。2000 年，联合国教科文组织首次召开"人类口头和非物质遗产代表作"评委会议，正式设立"人类口头和非物质遗产代表作名录"项目❶。2003 年通过的《保护非物质文化遗产公约》明确指出：口头传说和表述（包括作为非物质文化遗产媒介的语言），表演艺术，社会风俗、礼仪和节庆都属于非物质文化研究领域❷。相应的声景观遗产保护与利用必然首先以非物质文化遗产保护的一般性原则作为参照而制定。

1. 整体性与主体性

所谓整体性，即对非物质文化遗产与其存在空间实施的总体保护。同样，传统声景的保护一定要与所在地域的自然环境、生态环境、人文环境、相关制度和习俗等整体结合起来❸，将有形与无形相结合，注重与物质文化遗产间的密切关系，才能使保护更有意义。声景作为一种无形的、有一定内涵的文化整体，通常也是在固定的某一文化系统下生成的文化形态之一，因此同一系统下的不同景观形态——聚落实体景观与声景抽象景观，虽然在具体形式和功能上有所差别，但作为本土精神情感的衍生物，究其根本便极易找出它们之间浑然一体、声气相通的联系。如苗族防御文化所形成的山顶聚落、留有后门的吊脚楼建筑与相应的具有预警作用的信号声；苗族巫文化所遗留下来的聚落城池式布局、

---

❶　申茂平. 贵州非物质文化遗产研究 [M]. 北京：知识产权出版社，2010：3.

❷　同上：4.

❸　王巨山. 非物质文化遗产保护原则辨析——对原真性原则和整体性原则的再认识 [J]. 社会科学期刊，2008（3）：170.

建筑与地面装饰符号以及祭祀活动声景；侗族合款文化所催生的按姓氏组团式布局、代表款姓权威的鼓楼建筑与信号声以及各种由集体参与的、表达了民族团结精神的民俗文化活动声景。由此可见，将声景与所依存的环境看作一个整体空间，应有完整、科学的空间理念作为支撑，才能确保保护工作的全面与因地制宜。

主体性原则来自于马克思主义哲学，是强调人的主体作用的原则。贵州传统声景的创造与传承主体是土生土长的当地人，并且由于传统声景保护的根本目的不仅是为了保留人类珍贵的生存环境，更是为了促进人的发展，因此人必然是决定这种传统声景能否鲜活存在的最根本条件。如着装怪异、手持火药枪的岜沙人就与其所承载的苗族部落文化共存，需要当地人主动地继续保持这种装束，才能使景观形态得以保留。可现实情况是，作为主体的人对声音文化与声景观的保护意识薄弱，追求时髦而对民族传统毫无兴趣，尤其对那些需要口传心授的传统文化，如侗族大歌以及各种传统生产劳作模式等，更无暇去探究歌词古诗中的历史情境，致使许多文化正濒临失传，自古以来的居住环境自然声景被改变，人文声景失去活力，信号声濒临或已经消失殆尽。由此看来，从主体入手才更行之有效。从民族声景文化认同和保护声景生态平衡着手，依靠本土民众，立足于本土民族意识的提高，发挥主体性原则的主导作用，是实现声景多样性文化共存和历史声景文化资源永续利用的根本。

其中，加强传承主体对传统声景研究的科学认识与保护意识是关键，只有培养了当地群众的民族自豪感和自信心，才能更有效地发挥人的主观能动性，筛选出具有本土文化背景的声文化继承人。声景研究者则是推动主体性作用发挥的主要能动因素，通过对声景文化的科学认定来引导更多传承人建立声景保护的理性认识，通过强调音乐的功能性作用来引导当地人主动地保留音乐习俗，从根源上保存声景的多样性特征。

2. 原真性与活态性

1964 年《威尼斯宪章》中提出"将文化遗产真实地、完整地传下去"是对原真性原则最好的诠释 ❶。非物质文化通常是看不见、摸不着的，其最大特点

---

❶　国家文物局法制处 . 国际保护文化遗产法律文件选编 [M]. 北京：紫禁城出版社，1993：162.

是不能脱离民族与地域特性，是民族个性、审美习惯等的活样本，它往往需要依托人来实现真实活态文化的代代传承 ❶，如一些依靠声音传承文化的族群聚落等，口传心授是其得以延续的主要文化链。那么，在传承过程中，人的因素就可能会导致文化的变异，而使其失去原真的本质，许多文化一旦失去了本真特色，就必然会丧失其存在的价值与意义。贵州传统聚落的声景是维系族群认同和保持文化多样性的基础，是该地域族群得以世代延续的关键，同时也是民族特征的重要标识，故保持声景的原真性，就是承认和重视文化差异的识别性作用，保护时既要强调传承主体——人在原真性中所起到的决定性作用，还要尽量保留其所生存的原生环境——包括人文与自然环境。

此外，活态性与原真性联系密切，也是声景观遗产保护的重要原则，现在对于传统村落的保护常提出整体搬迁，即强调静态保护，这样做可能会一定程度上使一部分传统文化因失去活态传承的土壤而逐渐消失。因此，将声景观纳入非物质文化景观遗产的范畴，就是要从村落景观的总体入手，加入人的文化与社会行为，保留以声音为主题的声景观形态的原真性，并突出其活态属性，以保持传统村落的原生活力。

6.3.2 声景观遗产的科学利用

同传统文化一样，传统声景保护工作也要从项目类型和基址特征入手，首先要把握好项目的整体情况，尤其是那些具有先验文化特色，濒临毁灭的声景观应优先发掘与保护。然后根据不同的需求进行空间立意构思与布局设计，在保证传统生活状态不被打扰的前提下，进行科学合理的开发与利用。其中，那些已受到严重噪声干扰的传统聚落，首先要进行恢复性保护设计。最后将这些珍贵的声源运用传统文字记录方式和现代数字记录方式如实保存下来，并进行数据共享，建立数据库，以供相关后续研究及其他学科研究之用。

1. 声音的景观层次

在景观研究中，传统聚落的平面景观构成模式由内而外被划分为"建筑—

---

❶ 王巨山. 非物质文化遗产保护原则辨析——对原真性原则和整体性原则的再认识 [J]. 社会科学期刊，2008（3）：170.

梯田—山林"或"建筑—梯田—水系—山林"的圈层结构，并且确定了景观的点——铜鼓坪、护寨树、水井、水塘等，线——道路系统，面——建筑群的景观空间层次与要素❶。声学学科中对声源也有点、线、面的分类。因此结合声音文化特征，亦可将传统乡村声景也划分为点——微观、线——中观、面——宏观三个层次，通过对不同形态声景特征的分析，进行不同维度的声音保护与利用。其中，宏观层面涉及聚落整体的声景环境规划，如通过对背景声景的控制与有意识设计，形成聚落景观的总体印象，对传统文化生态保持较完整或具有特殊价值的村落或特定区域进行动态的整体性保护；中观层面涉及聚落道路、广场等声景观规划，凸显该聚落所属民族的声音文化特征，并强调该声景观的节点作用；微观层面即为特定场所或空间的声景观设计，如木构建筑内部、汉族天井院落内等，是既自然又具有民族个性的室内声景观❷。

　　此外，结合不同层面的声景观形态，规划设计声景观参观线路，制造不同的声音感受。在物质景观游览中，人们通常采用固定式与移动式两种规划模式❸。可将"视听交互"的模式运用到传统村落声景观线路设计中，即在规划视觉景观移动式观赏路线时，在几个主要节点区域布置标志性的声景观遗产，使人们在步移景异的同时，获得不同的声环境感受❹。

2. 声音的景观立意

　　声景立意构思即声景设计的中心与主题，是一个传统声景的灵魂和场地精神的体现，它包含了特定区域的自然特征、文化内涵和社会面貌特征。传统声景保护规划设计与声环境设计的不同之处在于：它不是以制造或消减声音等为目的的对声音个体的"物的设计"，而是对景观整体被人感知的意象和意境设计，是一种理念和思想的革新❺。因此要求设计师首先要对场地的环境背景有所掌控，可以根据聚落环境的不同民族文化背景、自然特征来定义声景主题。其次，作为声景主体的当地居民，其民族审美、精神、生活等方面的个体差异也要予

❶ 谢荣幸，包蓉，谭力. 黔东南苗族传统聚落景观空间构成模式研究 [J]. 贵州民族研究，2017（1），89-93.

❷ 周向频. 全球化与景观规划设计的拓展 [J]. 城市规划汇刊，2001（3）：17-23.

❸ 许浩. 城市景观规划设计理论与技法 [M]. 北京：中国建筑工业出版社，2006.

❹ 邓志勇. 现代城市的声环境设计 [J]. 城市规划，2002（10）：73-74.

❺ 葛坚，等. 城市景观中的声景观解析与设计 [J]. 浙江大学学报，2004：995-999.

以充分考虑，此时的传统声景作为聚落文化的表达符号之一，具有提升聚落形象的作用。如苗族文化以芦笙和木鼓表演为标志，因此其主要的表演场铜鼓坪必须是每个苗族聚落声景的中心；鼓楼是合款文化的产物，故鼓楼所形成的标志性声景将毫无疑问地成为侗寨声景设计的主题；在岜沙苗寨这种特殊的村寨里，就以枪声作为声景保护与设计的立意主旨。

此外，也要充分利用某些声音的标志性特征，即那些可以直接唤起某种记忆的声音，尤其在一些具有文化典型性的地区，声音元素在环境景观被明确认知这一过程中发挥着举足轻重的作用。前文已提到，各种民俗集会、语言和生产等所形成的声景是当地文化的标签，具有极强的可识别性，这些声景形成的强烈归属感，也是分辨族群的重要声音标志之一，因此强调声音的标识性是保护传统声景文化的重要手段之一。如利用鼓楼声景的标识性作用形成侗寨的景观节点；将枪声声景作为岜沙苗寨的入口元素构成声景意象来引导视觉景观的构建；铜鼓坪建在苗寨入口处以增加寨子的标识感等。在声景设计中，充分运用声音的标识特征，既能增强声景观的特征，又能辅助视觉景观加深总体景观印象，使声景观更加深入人心。

3. 声景生态博物馆

声景生态博物馆是对声景观最鲜活、最真实的保护和利用方法，它不但使相关的声景文化得以保护，更由于需要环境中的人普遍参与，因此对于提高人民大众的声景保护主观意识起到了一定的促进作用。前文也提到，秦佑国（2008）提倡将声音遗产文件保存于"博物馆和档案馆"中以供利用。[1] 秦思源（2005）通过对中国城市声音的采集和向北京市民征集"心目中的北京声音"，建立了"胡同声音博物馆"。陈弘礼（2015）发起并注册了"声音博物馆"文化品牌。伴随着声音遗产研究的不断推进，许多珍贵的历史人文声音被挖掘了出来，通过建立声音博物馆，一方面将那些濒临灭绝的声音收录成为音频文件珍藏起来，另一方面，对于声景观遗产集中连片分布的区域，可将声音与所在空间景观整体划定为声音文化风貌区，将声景文化按照原状在所述区域内加以保护，相应的保护区域就等同于声景生态博物馆的面积，其中不仅要保护建筑实体景观，

---

❶ 秦佑国. 声景学的范畴 [J]. 建筑学报，2008（3）：45-46.

还应保护区域内的生活状态，包括各种声音原貌。

4. 声音的"非遗 + 脱贫"

2018 年文旅部以及国务院扶贫办共同发布《关于支持设立非遗扶贫就业工坊的通知》(办非遗发〔2018〕40 号)，从政策上推动"非遗 + 脱贫"实践的开展，其实质是通过产业化开发释放非遗资源的经济势能 ❶。作为最早一批确立的国家 10 个重点支持地区之一，黔东南苗族侗族自治州雷山县通过建立苗族刺绣、藤编工艺、银饰加工等扶贫工坊，带动就业 500 人。西藏自治区文化厅自 2018 年开始推出"藏戏演出季"活动品牌，打造极具西藏特色的非遗"盛会"，10 个非遗扶贫就业工坊共为 111 户建档立卡贫困户传授技艺和提供就业岗位，受益群众 556 人。2019 年底，文旅部以及国务院扶贫办又印发了《关于推进非遗扶贫就业工坊建设的通知》(办非遗发〔2019〕166 号)，切实全面地推动非遗扶贫工作的开展。

侗族把大歌作为促进村落发展、实现乡村振兴的文化产业之一，并取得了显著的成效。如黔东南从江县传统侗寨小黄村，将"传统侗族大歌的发源地"作为其振兴乡村经济的主要民族文化特色产业，利用侗族大歌的世界非物质文化遗产影响力，通过举办大歌节、大歌比赛等方式发展旅游业，吸引了来自世界各地的游客，贫困率从 2014 年的 21.37% 下降到 2017 年的 11.65%。从小黄村乡村振兴工作的成功实践中获得的启示是：一方面，以声音文化为依托、以传统乡村景观为媒介，打造不同的声文化项目，发展飞歌演唱、芦笙演奏、"贾理"情景表演等苗族特有的声音文化产业，以带动苗乡经济的发展；另一方面，通过建立声音遗产工作坊，对一些重要的声音遗产项目建立数据库并制作成可销售的音像制品，或与当地民间工艺相结合做成可看、可用、可听的艺术产品。

5. 噪声的控制与掩蔽

噪声问题已不是仅存在于城市中的问题，村落中越来越严重的噪声污染也逐渐显露出来，不但会影响居民的身体健康，更可能造成生态失衡。因此在传统聚落声景保护规划与设计中，还应考虑到噪声的干扰，提早发现噪声源并提

---

❶ 胡玉福 . 非遗扶贫中受益机制的建立与完善——基于鲁锦项目的思考 [J]. 中南民族大学学报 (人文社会科学版)，2020，238 (1)：52-57.

出可行的消除噪声的办法。贵州的汉族聚落现在大多已融入城市之中，故噪声问题尤为突出，因此在规划设计时首先应严格划定保护区域，区域内要控制内部和周边的主要噪声源，交通噪声通常是最主要的噪声源，因此在区域内首先应禁止机动车通行，周边道路限制车辆类型等。同时，政府应该给予相应的支持，包括经济方面和理论方面，正确引导居民的参与意识，并采取一定的鼓励措施来加以奖励。

　　苗侗族传统聚落位于深山之中，但由于近些年道路的通畅使得噪声问题日渐严重，只能尽可能地利用水声的声掩蔽作用或植物的吸声作用来减少噪声干扰，如有河流的村寨可通过改变河床的宽度和水势来消除噪声；也可利用当地密集的绿化，选用常绿或落叶期短的树种，高低有层次地种植，有研究发现，这种种植方法每米宽减噪量约为 0.13 ~ 0.3dB❶；还应避免新的噪声污染产生，如在传统观演空间中过多地安装现代发声设备等。

---

❶　刘加平．建筑物理 [M]．北京：中国建筑工业出版社，2000：72.

结语

　　声音与声景是当地人在长期的劳动生产、生活实践中积淀而成的民族精神，是民族精髓与文化理念的延续，是价值观、民族情愫、心理意识等集体精神的表现。伴随着城市化进程的加快，传统地域性环境与文化正面临着猛烈的冲击，声音作为与人的活动和行为关系最密切的环境因素，越来越明显地受到现代文化的影响，汽车声、飞机声等现代城市噪声早已取代自然声并逐渐成为新的背景声。在这样一个全球化背景下，本书提出了对传统声景观的保护研究，并以贵州这样一个拥有得天独厚声音条件的区域为对象，通过分析对苗、侗、汉等主要民族聚落建造的生态适应性文化以及主要自然背景声的频谱特征等，揭示了不同文化背景下典型聚落空间中的声传播规律；将与民族文化相关的标志声按类型分为民俗文化类、物质生产类，挖掘声音的文化特征，并通过音乐和语言声学研究、史料文献研究，深度发掘历史声音；从"防御性"和"群体性"的文化视角，揭示了信号声景和传统观演声景的民族文化特征。在贵州，声音既是非物质文化遗产的本体，亦是其文化载体，如侗族大歌、苗族古歌等口传文化形式，因此，通过对声音及其构成的声景观的非物质文化属性、价值进行分析，建立保护与利用机制，其目的是使相关工作更加科学与有效。

　　本书拓展了景观学、声景学和建筑史学的研究领域，成果既可为珍贵声音非物质遗存的保护提供理论框架，还可为传统聚落景观保护性设计提供技术支持，提出的建立传统声音博物馆、少数民族声景观风貌区等策略，可缓解日益严重的声环境特色危机，并对保持地域文化完整性具有重要的意义。

　　由于当前针对中国传统聚落空间的声景观及其遗产保护的相关研究还不多，而且本书也只是针对贵州开展了研究，加上笔者本身知识与学科的片面性，难免在方法和分析中存在局限性和偏差。在未来的工作中，将从以下几个方面继续深入研究：

（1）从聚落历史演变、人的行为模式以及地域民族文化的角度，进一步建立典型聚落空间与声场的关联，如建立传统声景观空间形态与族群先验建造文化的关联、声音的空间可达性与聚落空间范围界定的关联、具有标志作用的声景观与重要公共空间可识别性的关联、观演场所的空间构型模式与族群传统观演文化的关联等。主要侧重于声音文化与特定空间场域生态和文化之间的联系。

（2）继续深入和完善声景数据统计，结合声音博物馆、历史风貌片区保护规划等，系统构建数据库，提出更多行之有效的措施与举措。其目的是建立有效机制，有计划地开展少数民族声景观遗产的应用与开发，结合当地旅游项目，切实落实国家关于促进少数民族欠发达地区经济发展的精神，促使声景观的文化遗产价值得以合理转化。

（3）继续开展不同地域、族群、文化的传统声景观遗产资料搜集与研究，可通过跨地区的对比研究，对比异同，进而建立声景观遗产与文化及物质空间的联系。重点是通过权重判定、因子分析、差异比较等，建立量化评价机制，划定保护等级，并建立相应的声景观遗产保护名录。

参考文献

[1] 郑培凯 . 口传心授与文化传承 [M]. 桂林：广西师范大学出版社，2006.

[2] 颜峻 . 都市发声：城市·声音环境 [M]. 上海：上海人民出版社，2007.

[3] 榕江县地方志编纂委员会 . 榕江县志 [M]. 贵阳：贵州人民出版社，1999.

[4] 黎平县地方志编纂委员会 . 黎平县志 [M]. 成都：巴蜀书社，1989.

[5] 从江县地方志编纂委员会 . 从江县志 [M]. 北京：方志出版社，2010.

[6] 石开忠 . 侗族款组织及其变迁研究 [M]. 北京：民族出版社，2009.

[7] 石干成 . 走进肇兴：南侗社区文化考察笔记 [M]. 北京：中国文联出版社，2002.

[8] 贵州省建设厅 . 图像人类学视野中的贵州乡土建筑 [M]. 贵阳：贵州人民出版社，2006.

[9] 贵州省住房和城乡建设厅 . 贵州传统村落 [M]. 北京：中国建筑工业出版社，2016.

[10] 《贵州古村落·肇兴》编委会 . 贵州古村落·肇兴 [M]. 贵阳：贵州民族出版社，2007.

[11] 贵州省黎平县肇兴镇肇兴村志编纂委员会 . 肇兴村志 [M]. 北京：方志出版社，2018.

[12] 陈小平 . 声音与人耳听觉 [M]. 北京：中国广播电视出版社，2006.

[13] （英）维克多·布克利 . 建筑人类学 [M]. 潘曦，李耕译 . 北京：中国建筑工业出版社，2018.

[14] 邓敏文 . 没有国王的王国：侗款研究 [M]. 北京：中国社会科学出版社，1995.

[15] 彭婧 . 侗族非遗传承人口述史有声记录研究 [J]. 原生态民族文化学刊，2018，10（04）：159-162.

[16] 郎雅娟 . 侗族说唱文学的叙事特征 [J]. 贵州民族大学学报（哲学社会科学版），2017，000（004）：154-162.

[17] 常青 . 建筑学的人类学视野 [J]. 建筑师，2008（6）：95-101.

[18] 张晓春 . 建筑人类学之维——论文化人类学与建筑学的关系 [J]. 新建筑，1999（04）：63-65.

[19] 杨宇亮，吴艳，党安荣 . 当自然禀赋遇见历史机缘——茨中村的建筑人类学考察 [J]. 住区，2016（05）：29-35.

[20] 聂森 . 论西南山地民族建筑空间中的文化认同——基于建筑人类学的视角 [J]. 山东艺术学院学报，2016（06）：76-80.

[21] 巨凯夫 . 明清南侗萨坛形制演变研究——一类非人居性风土建筑的建筑人类学考察 [J]. 建筑学报，2018（02）：98-105.

[22] 张赛娟，蒋卫平 . 侗寨鼓楼装饰艺术探析 [J]. 贵州民族研究，2016（04）：88-91.

[23] 彭书佳 . 鱼塘体系创建与运行中的制度保障研究——以黄岗侗寨为例 [D]. 吉首大学，2013.

[24] 张泽忠，韦冰霞 . 文化空间和人的因素：《款嗓嘎》的维实与求新 [J]. 百色学院学报，2014，027（001）：80-84.

[25] Schafer RM. The tuning of the world: toward a theory of soundscapedesign[M]. PA，USA：University of Pennsylvania Press Philadelphia，1980.

[26] Schafer M R. The soundscape: Our sonic environment and the tuning of the world[J]. Zhurnal Vysshei Nervnoi Deiatelnosti Imeni I P Pavlova，1996，38（3）.

[27] Jian K. Urban Soundscape[J]. Journal of South China University of Technology（Natural ence Edition），2007.

[28] Wyness J A. Soundscape as discursive practice[C]. The Institute of Acoustics Proceedings. 2008.

[29] Yelmi，Pinar. Protecting contemporary cultural soundscapes as intangible cultural heritage: sounds of Istanbul[J]. International Journal of Heritage Studies，2016，22（4）：302-311.

[30] Dumyahn S L，Pijanowski B C. Soundscape conservation[J]. Landscape Ecology，2011，26（9）：1327-1344.

[31] Huang L，Jian K. The sound environment and soundscape preservation in historic city centres—the case study of Lhasa[J]. Environment & Planning B

Planning & Design, 2015, 42（4）: 652-674.

[32] Caracausi R. Noise evaluation of a historical centre. Noise mapping by interpolation routine[C]//12h International Congress on Sound and Vibration in Lisbona. Portogallo, 2005.

[33] Brambilla G, De Gregorio L, Maffei L, et al.. Comparison of the soundscape in the historical centres of Istanbul and Naples[C]// INTER-NOISE and NOISE-CON Congress and Conference Proceedings. 2007.

[34] Kato K. Soundscape, cultural landscape and connectivity[J]. sites a journal of social anthropology & cultural studies, 2009, 6（2）: 80-91.

[35] Romero V P, Maffei L, Brambilla G, et al.. Modelling the soundscape quality of urban waterfronts by artificial neural networks[J]. Applied Acoustics, 2016, 111（OCT.）: 121-128.

[36] Yilmazer S, Acun V. A grounded theory approach to assess indoor soundscape in historic religious spaces of Anatolian culture: a case study on Hacı Bayram Mosque. Build Acoust, 2018, 25: 137-50.

[37] Yuan Z, Jian K. Effects of Soundscape on the Environmental Restoration in Urban Natural Environments[J]. Noise, Health, 2017, 19（87）.

[38] Duarte E, Viveiros E B. Relation between acoustic degradation of sound insulation and historial evolution of architecture[C]// INTER-NOISE and NOISE-CON Congress and Conference Proceedings. 2004.

[39] Semidor C, Venotgbedji F. Soundscape in historical places: Genoa case study[C]// Inter-noise & Noise-con Congress & Conference. 2007.

[40] MD Adams, Bruce N S, Davies W J, et al.. Soundwalking as a methodology for understanding soundscapes[C]// Proc Institute of Acoustics. OAI, 2008.

后记

从开始贵州聚落研究到本书正式出版，前后经历了十余载。

2007年，导师刘大平教授选择贵州传统村落景观作为我硕士论文的主要方向，满足了我作为一个生在贵州却未能在此成长的苗族人的"乡愁"情怀，并从此开启了我的乡土研究之路。贵州是一片古老而神奇的土地，从夜郎古国的传奇，到荆楚腹地的神秘，再到如今多民族"大杂居、小聚居"的文化多样，黔贵建筑文化是中国文化中重要的部分。

2008年我第一次以研究者身份调研了凯里西江千户苗寨，切身感受了苗族传统山地村落与建筑——吊脚楼——的鬼斧神工；调研了安顺石头寨和屯堡，切身感受了石砌建筑的坚固耐用、冬暖夏凉，以及布依族传统聚落、汉族屯兵聚落的防御性与隔离性。也是在那年，有幸拜访了贵州著名民居专家罗德启先生，从他身上看到的是乡土建筑师的坚持与贵州建筑史学家的乡土情怀。在甲秀楼的旧物市场里，曾因淘到了20世纪30年代、50年代等的史料书籍欢呼雀跃，如获至宝。2009年硕士论文完成，该文是从景观生态学的角度从生态与文化两方面对贵州传统村落的景观与建筑进行解析，成为我多年贵州研究的敲门砖。

2009年秋，我正式从建筑历史学科跨越到建筑技术专业攻读博士，同样因浓烈的"乡愁"情怀，在与导师康健教授商量后，选择继续开展贵州传统人居环境中的声景观研究。那时的国内声景观研究刚刚起步，且大都是关于城市声环境的调查与声质量改善，都是与城市噪声相关的，"传统声景观"是否存在尚有待考证。作为一名普通的博士生，研究预想是否成立，贵州是否具有代表性，这些都是未知。幸运的是，研究得到了建筑历史专家刘大平教授和建筑声学专家康健教授二位老师的鼎力支持与帮助，通过历史和技术的结合，开启了声景观研究的新视域。2010年导师康健还与我一同背着声级计等仪器前往贵州调研。特别是在岜莎苗寨，苗人随身的火药枪成为那次研究最意外的收获，让我们亲身领略了最古老而原始的苗族声音文化。随后的几年时间，我多次去到铜仁、凯里、镇远等贵州东部地区的许多传统聚落，见识到了声音在苗族、侗族等少数民族文化中不可替代的作用，也感受到了声音在传统汉族聚落中的意趣营造之美。博士期间的研究，为我后来的研究奠定了坚实的理论与实践基础。

博士毕业后，我入职石家庄铁道大学建筑与艺术学院，虽身在河北，但在刘大平和康健两位老师的鼓励下，我一如既往地坚持开展对贵州建筑与声音的文化研究。2017年的秋天，我主持的教育部人文社会科学青年基金项目"黔东南苗侗族聚居区声景观文化遗产保护研究"（17YJCZH128）获批，这是我研究中的一次重要转折，是从关注声音本身的物理特征、文化所属向文化遗产保护迈出的关键一步，大胆地提出了将声源保护、声音文化形态保护与聚落空间遗产保护相结合，强调以声音为主体的传统村落遗产保护的整体性原则。2018年的夏天，我主持的国家自然科学青年基金项目"基于数据可视化的贵州传统声景观与聚落空间的文化关联性研究"（51808356）获批，这是对我前期研究成果和后期研究前景的肯定，首次尝试利用可视化等技术手段去揭示声音所具有的空间文化属性。

以上两项课题所提供的经费支持，使我有机会在2019带着学生走访调研了贵州十几个最古老而神秘的侗寨、苗寨，我们测试了二十多座形态各异的鼓楼，包括它们的建筑和声场；通过和当地人的访谈，界定了以鼓楼为血缘单位的空间边界；测量、绘制并建立了聚落模型，利用仿真软件、空间句法分析软件等进行了空间声场分析与聚落空间分析。这些学生大都是我校的本科生和研究生，90后的他们在调研中领略了中国作为世界文明古国的丰富的古老文化，也为他们后来的学习播下了中国乡土文化和遗产保护的种子。现在的他们，分别在天津大学、西安建筑大学、北京建筑大学、石家庄铁道大学等高校进行关于遗产研究的研究生阶段学习与深造，这也让我倍感骄傲与鼓舞。

2020年的疫情阻止了调研的脚步，却也因此创造了一段沉淀和思考的时机，使我有时间将2019年获得的大量的资料进行整理、汇总、分析与总结，并为新的研究与调研寻找契机。

翻阅这本书的读者一定会发现，书中大量是关于声源的物理属性和声场的物理特征研究，之所以保留这些是因为他们是声景观研究的基础——声音与空间是声景观构成的本体，并且是以人口最多的苗、侗、汉族为主。文章中虽也涉猎了一部分关于声音文化以及声遗产保护相关内容，但诸如侗族合款制度与侗族鼓楼声传播范围的关联、布依族和屯堡等石头民居与防御性聚落文化的关联作用，以及苗族的群体性文化在声场中的具体表现等，计划将在另外一本书加以阐释，这样的安排也是期望未来能在那本书里将本研究与中国其他类型的传统民居聚落研究相结合，循序渐进地推动更多声遗产保护的开展。

回顾这十余年的贵州传统村落研究之路，艰辛、孤寂但充满了惊喜、刺激与挑战。虽然越来越多的同行开始关注传统声音，但由于结果的未知、调研地区的复杂、环境的艰苦恶劣，导致依然未能像城市声景观研究那般拥有可观的研究成果和成熟的研究体系。期间，我的研究也经历了无数次被质疑、被推翻，但从未想过放弃，因为作为贵州的苗族人，作为乡土建设者，作为声景观遗产保护者，这是我的责任与荣幸。特别是在 2018 年偶然间结识了一群同样坚定从事"西南聚落研究"的高校青年研究者，在云南阿者科、广西龙脊，他们的坚持与严谨成为我学习的动力与目标。

最后要感谢在我的科研路上给予我帮助的家人与师友，感谢资助本书出版的河北省高等学校人文社会科学重点研究基地——石家庄铁道大学人居环境可持续发展研究中心，感谢中心主任、石家庄铁道大学建艺学院院长武勇教授，副院长刘瑞杰教授，以及众多同事对我这几年来科研开展的鼎力支持。我将继续坚持对贵州传统聚落文化的坚守，秉持对传统声景观遗产挖掘与保护的执着，在自己所热爱的并应该做的研究之路上努力探索，勇攀高峰。

毛琳箐
写于中国共产党建党 100 周年来临之际